MATHEMATIKUS 1

Herausgegeben von:
Prof. Dr. Jens Holger Lorenz

Erarbeitet von:
Prof. Dr. Klaus-Peter Eichler
Herta Jansen
Prof. Dr. Sabine Kaufmann
Prof. Dr. Jens Holger Lorenz
Angelika Röttger

Illustriert von:
Lila L. Leiber

westermann

Inhaltsverzeichnis

		Zahlen und Operationen	Raum und Form	Muster und Strukturen	Größen und Messen	Daten, Häufigkeit und Wahrscheinlichkeit
1	Zahlen und Muster	•		•		
2	Anzahlen erfassen	•				
4	Zahlen bis 10	•				
6	Labyrinth		•			
7	Ziffern schreiben	•	•			
8	Strichlisten erstellen	•				•
9	Anzahlen erfassen und darstellen	•	•			
10	Formen		•			
11	Anzahlen erfassen	•				
12	Zahlenstrahl	•				
14	Groß und klein	•	•		•	
16	Zeichnen im Punktefeld		•			
17	Größer, kleiner, gleich	•	•	•		
18	Zahlen zerlegen	•	•			
20	Immer 10 – verliebte Herzen	•	•			
21	Mathemix	•		•		
22	Zahlen bis 20	•				
25	Vorgänger und Nachfolger	•				
26	Zwanzigerfeld	•				
27	Anzahlen erfassen	•	•			
28	Größer, kleiner, gleich	•	•	•		
29	Immer 20	•	•	•		
30	Zahlen zerlegen	•	•	•	•	
32	Unser Geld	•			•	
34	Falten und Spiegeln	•	•			
35	Spiegeln und Verdoppeln	•	•			
36	Ordnungszahlen	•	•			
37	Reihenfolgen	•				
38	Addieren	•				
40	Addieren – Geschicktes Legen	•		•		
41	Addieren – Gegensinniges Verändern	•		•		
42	Addieren – Nachbaraufgaben	•				
43	Addieren am Zahlenstrahl	•				
44	Addieren – Analogieaufgaben	•		•		
45	Addieren – Ergänzungsaufgaben	•				
46	Falten		•			
47	Kalender	•			•	•

Erläuterung:
- 1 Arithmetik
- 6 Geometrie
- 30 Größen und Sachrechnen
- 21 Mathemix
- 21 Wiederholung

Seite	Thema	Zahlen und Operationen	Raum und Form	Muster und Strukturen	Größen und Messen	Daten, Häufigkeit und Wahrscheinlichkeit
48	Subtrahieren	•				
50	Mathemix	•	•	•		
51	Ergänzen	•				
52	Subtrahieren – Geschicktes Legen	•				
53	Subtrahieren	•				
54	Subtrahieren am Zahlenstrahl	•				
56	Addieren und Subtrahieren	•				
58	Umkehraufgaben und Tauschaufgaben	•				
60	Perspektive		•			
62	Zahlen zerlegen	•				
63	Sachrechnen	•				
64	Messen			•	•	
65	Wiederholung	•				
66	Kugel, Würfel und andere Körper		•			
67	Gleichsinniges Verändern	•				
68	Uhrzeit				•	
70	Zeichnungsdiktat	•	•	•		
71	Wiederholung	•				
72	Rechnen mit Geld	•			•	
74	Anzahlen vergleichen	•	•			
75	Mathemix	•	•	•		
76	Flächen vergleichen	•	•			
77	Mathemix	•				•
78	Zahlenpyramiden	•				
80	Sachrechnen	•		•	•	
81	Würfeln mit zwei Würfeln	•				•
82	Plustafeln	•				
83	Plusaufgaben finden und ordnen	•		•		
84	Einspluseins-Tafel	•		•		
86	Gitterstadt		•			
88	Gerade und ungerade Zahlen	•	•	•		
90	Rechenscheiben	•				
91	Rechendomino	•				
92	Kraft der Mitte	•	•			
93	Mitte finden	•	•			
94	Kunst und Mathematik		•			
95	Rechenstrategien beim Addieren	•				
96	Strategie: Mitte finden	•				
97	Strategie: Vor – zurück	•				
98	Strategie: Verliebte Herzen	•				
99	Strategie: Verdoppeln	•				
100	Strategie wählen	•				
101	Perspektive		•			
102	Daten und Häufigkeit					•
103	Rechenstrategien beim Subtrahieren	•				
104	Strategie: Zurück – vor	•				
105	Strategie: Ergänzen	•				
106	Strategie: Verliebte Herzen	•				
107	Strategie wählen	•				
108	Figuren legen		•			
109	Ungleichungen	•				
110	Multiplizieren	•		•		
112	Tauschaufgaben	•				
113	Geschickt rechnen	•		•		
114	Nachbaraufgaben der 10	•		•		
115	Würfelgebäude		•			
116	Sachrechnen mit Geld	•			•	
119	Mathemix	•		•		
120	Einführung des Hunderterraums	•			•	
122	Zahlen bis 100	•	•	•		
124	Unser Geld				•	
126	Symmetrie		•			
128	Rechnen im Hunderterraum	•		•		
129	Regeln finden	•		•		
130	Zahlenpyramiden	•		•		
131	Allerlei Sachaufgaben	•			•	
132	Mathematik ist überall	•	•	•	•	

Zeichenerklärung

 Mit Material legen

 Aufgaben für Partner- und Gruppenarbeit

 Aufgaben, die im Heft bearbeitet werden sollen

 Aufgaben, die vorgelesen werden sollen

 Zum Forschen und Entdecken

 Achtung, es hat sich ein Fehler versteckt oder es gibt keine Lösung.

◯ Offene Aufgabe, die verschiedene Bearbeitungstiefen zulässt

● Aufgabe mit erhöhtem Schwierigkeitsgrad

M Mathemix

W Wiederholung

Zahlen und Muster

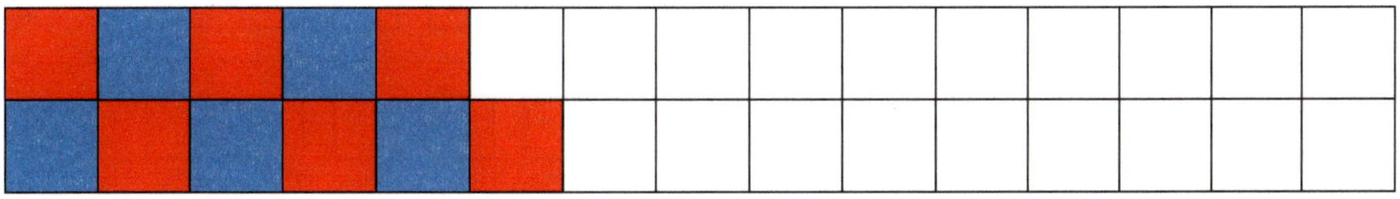

Über den Schulanfang reden.
Mengen in der Umwelt erfassen. Zählen. Schöne Muster fortsetzen oder selbst erfinden.

Anzahlen erfassen

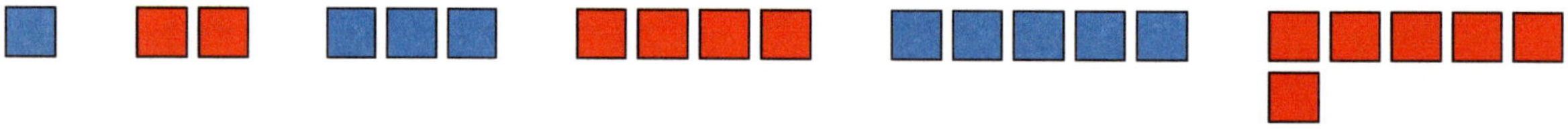

| | 1 | 2 | 3 | 4 | 5 | 6 |

🐿️	■	■	☐	☐	☐	☐	☐	☐	☐	2
🐭	☐	☐	☐	☐	☐	☐	☐	☐	☐	

Mengen in der Umwelt. Anzahlen.

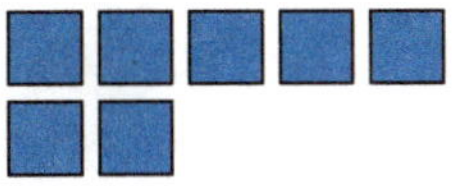

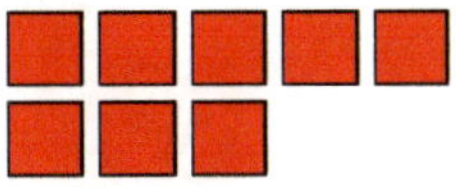

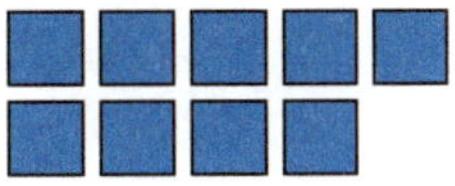

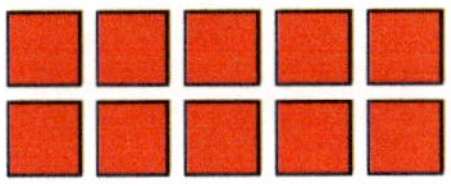

7   8   9   10

Zahlen bis 10

Mengen erfassen.
Zuordnung Menge-Zahl.

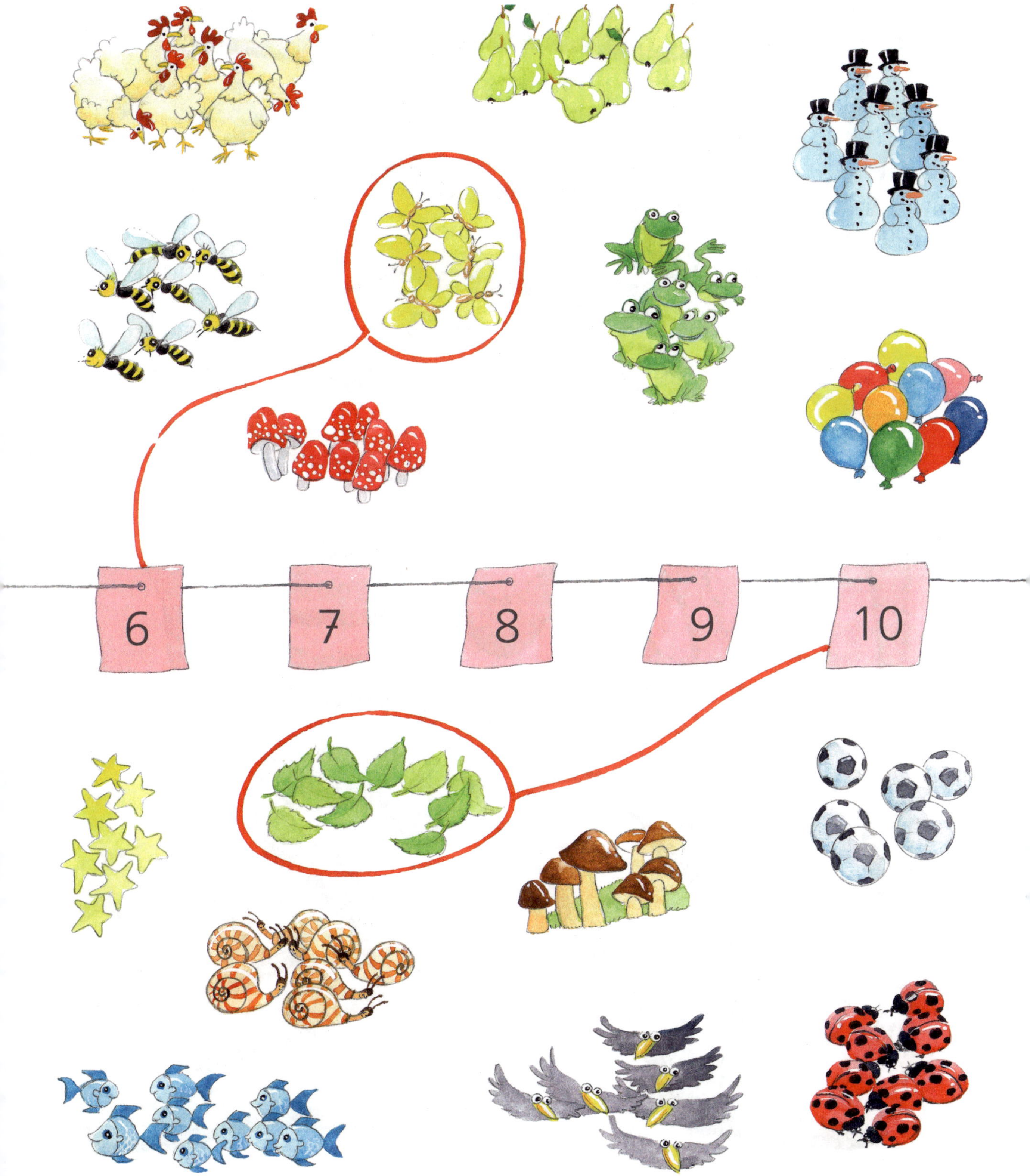

Zahlen am Zahlenstrahl.

Labyrinth

Ziffern schreiben

Ziffernschreibkurs.
Muster mit Ziffern. Ziffern als ästhetische Formen.

Strichlisten erstellen

🐱	III	3	🪟		
🌺	ℍℍ	5	🚧		
⚙			🚲		
🛍			🪣		

Zählen und Mengenvergleiche (Mehr Bäume als Hunde?).
Zahlen verschieden darstellen. Mit Strichlisten zählen. Die Fünf betonen.

Anzahlen erfassen und darstellen

1. Immer 6.

2. Immer 8.

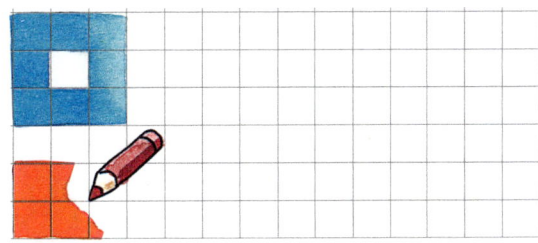

3. Wie viele?

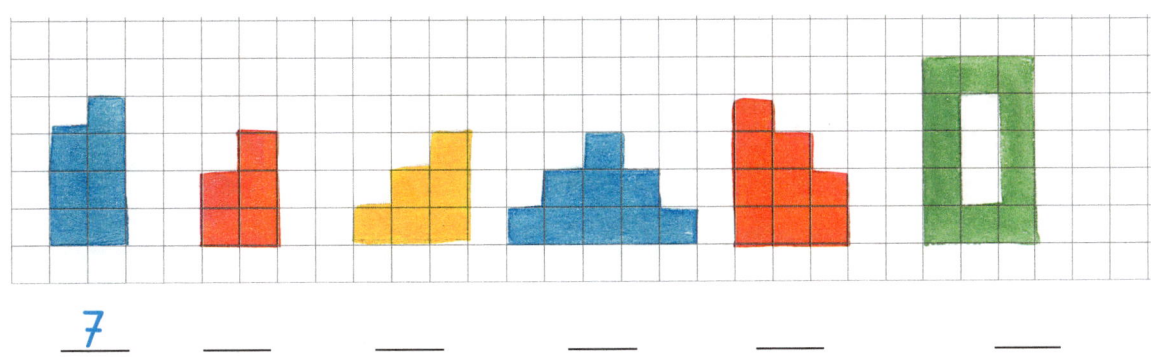

7 ___ ___ ___ ___ ___

Anzahlen und Lagebeziehungen erfassen.
Anzahlen darstellen.

Formen

Sortiere.

Anzahlen erfassen

1. Erzähle.

2.

3.

Anzahlen erfassen und darstellen.

Zahlenstrahl

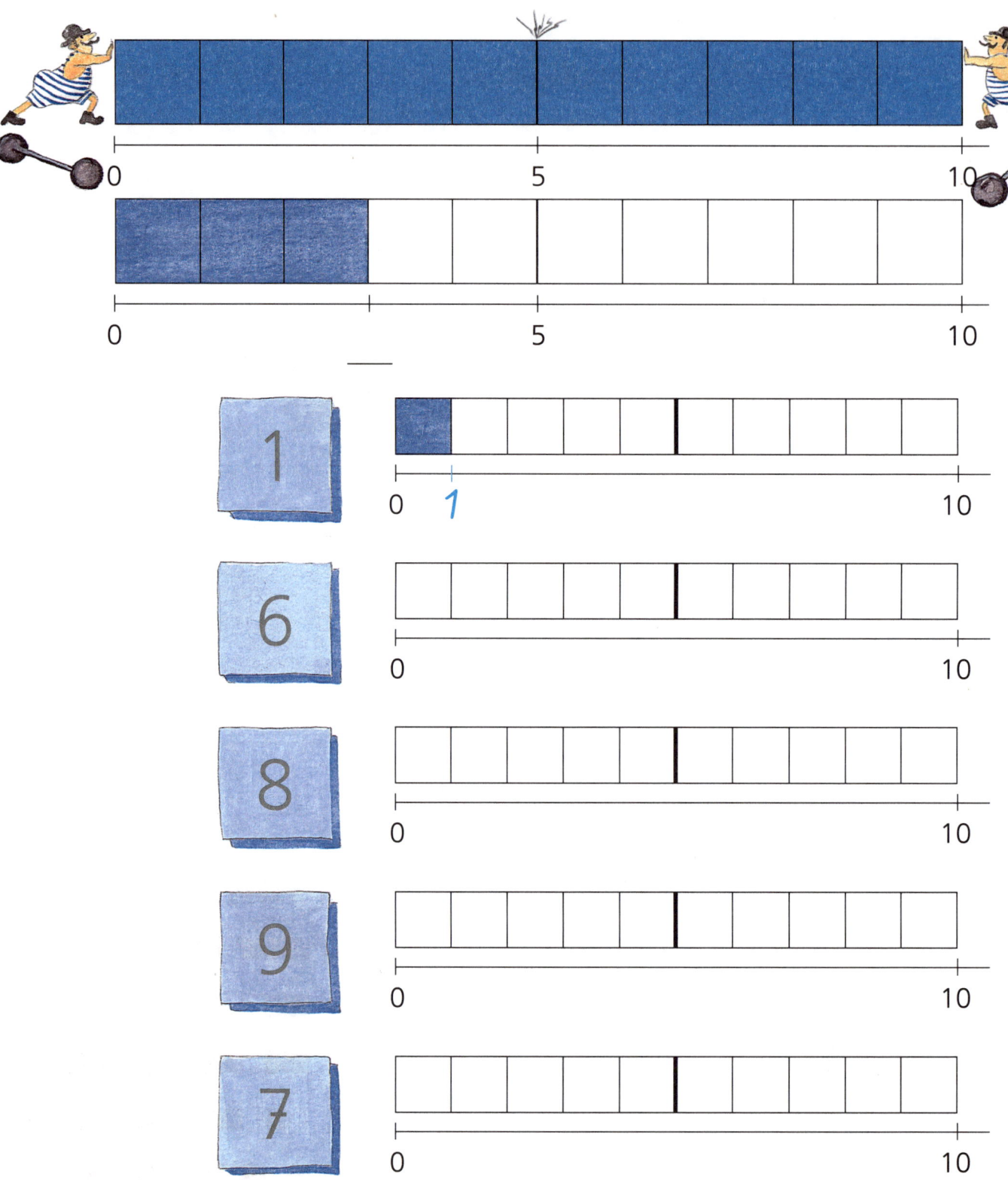

Von der Menge zur Länge übergehen.
Die Fünf betonen.

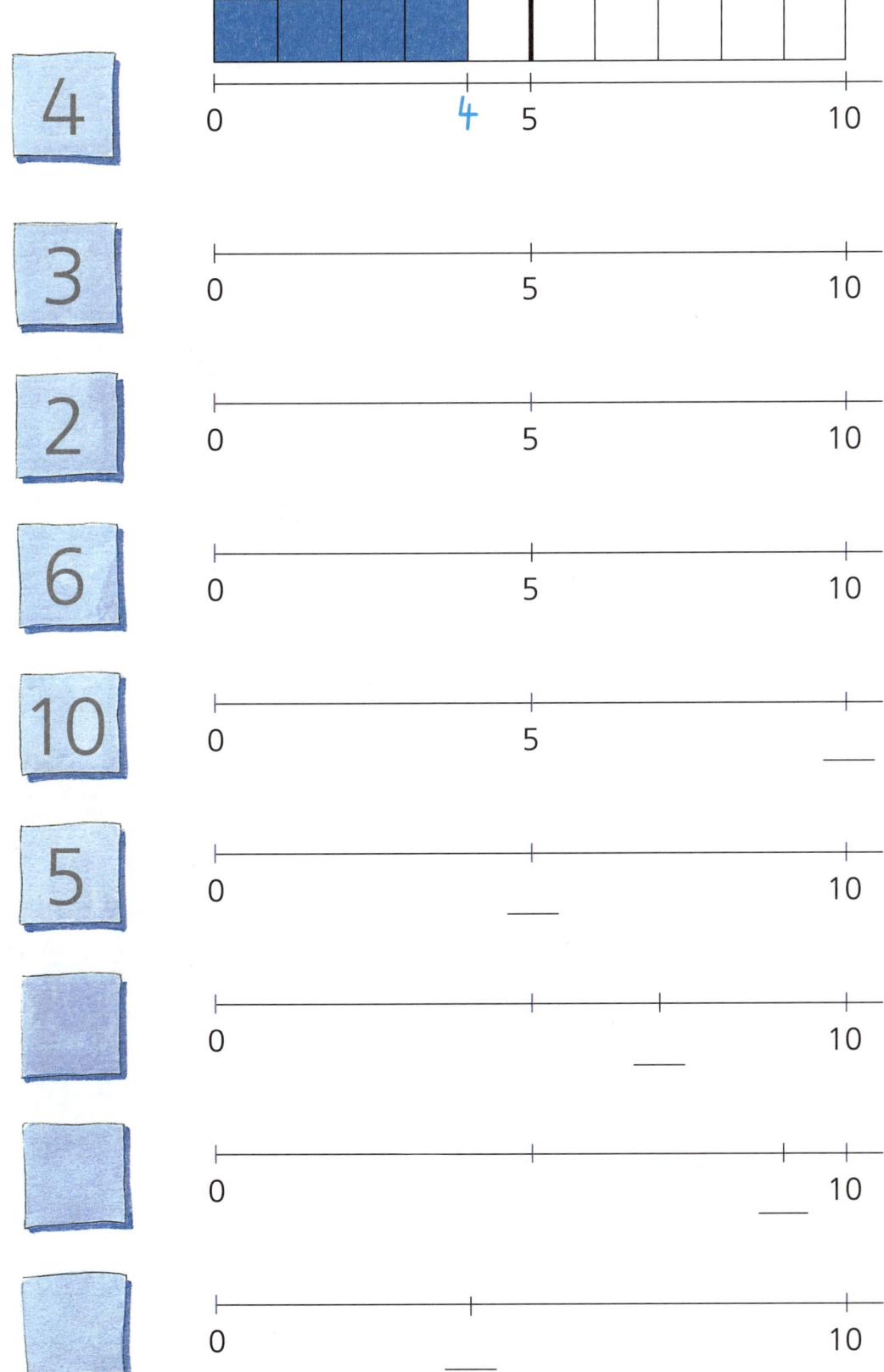

Groß und klein

1. Was gehört dem Zwerg?

2. Was gehört dem Riesen?

3. Gulliver bei den Zwergen.　　　　Gulliver bei den Riesen.

Das Märchen von Gulliver erzählen.
Große Dinge und kleine Dinge vergleichen. Verschiedene Maßstäbe kennen lernen.

Zeichnen im Punktefeld

1.

2. Das Dreieckspiel

Abwechselnd werden Punkte zu einem Dreieck verbunden. Zwei Dreiecke dürfen sich nicht kreuzen oder berühren. Wer das letzte Dreieck zeichnet, hat gewonnen.

Schon gewonnen!

Größer, kleiner, gleich

  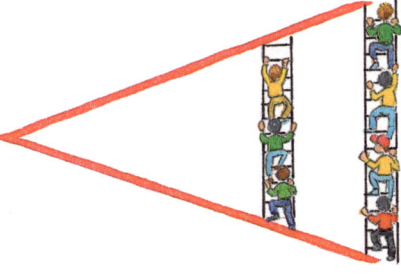

3 > 2 3 = 3 3 < 4

1.

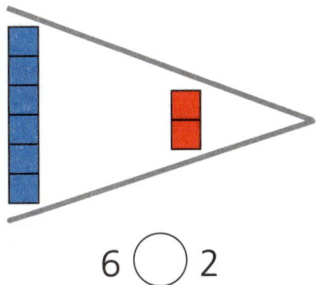 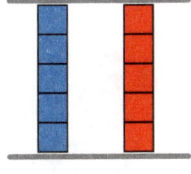 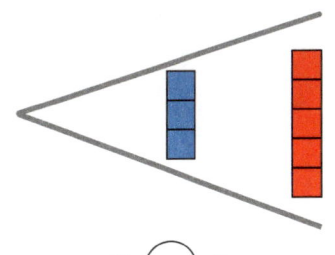

6 ◯ 2 5 ◯ 5 3 ◯ 5

2. Baue und vergleiche.

___ ◯ ___ ___ ◯ ___ ___ ◯ ___

3. Vergleiche.

___ ◯ ___ ___ ◯ ___ ___ ◯ ___

4.

| 1 |
| 2 |
| 3 |
| 5 |

  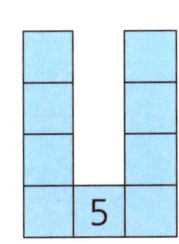

6 5 5

Anzahlen vergleichen.

Zahlen zerlegen

1. 7 → 4 | 3

2. 9

3.

4.

Immer 10 – verliebte Herzen

1. Wie viele Dosen hast du getroffen?

2. Wie heißt der Partner?

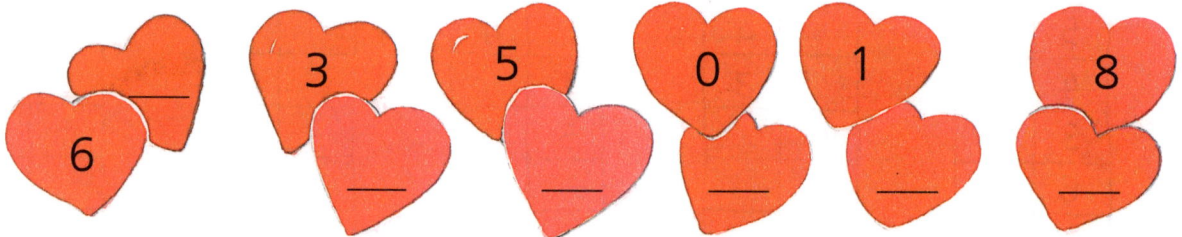

Mathemix

1. Setze die Muster fort.

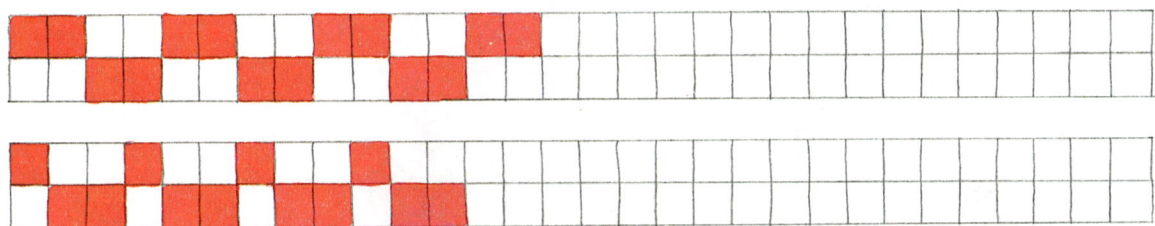

2. Zahlenbänder von 1 bis 10 – finde den Weg.

10	1	2	3	4
9	8	7	6	5

6	7	8	9	10
5	4	3	2	1

10	7	6	3	2
9	8	5	4	1

9	8	1	2	3
10	7	6	5	4

9	10	5	4	3
8	7	6	1	2

9	8	5	4	1
10	7	6	3	2

	8	1	2	3
10	7		5	4

9	8		4	1
10		6	3	2

4	5		7	10
	2	1	8	

3. Zahlenbänder von 1 bis 20 – finde den Weg.

19	20	1	2	3
18	17	10	9	4
15	16	11	8	5
14	13	12	7	6

16	17	18	19	20
15	14	13	12	11
2	3	6	7	10
1	4	5	8	9

2	3	12	13	20
1	4	11	14	19
6	5	10	15	18
7	8	9	16	17

	16	3	4	5
18	15	2		6
		1	8	9
20	13	12	11	

	16	9		1
18	15		7	
	14	11		3
20		12	5	4

	19	18		16
1		13		15
2	11	10		8
	4	5		7

Muster fortführen.
Zahlenbänder ausfüllen.

Zahlen bis 20

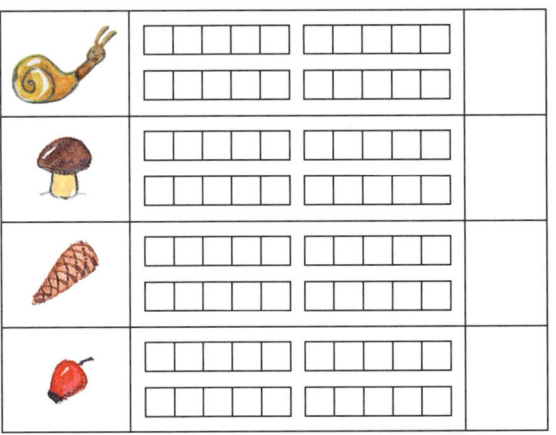

23

Zahlen bis 20

1.

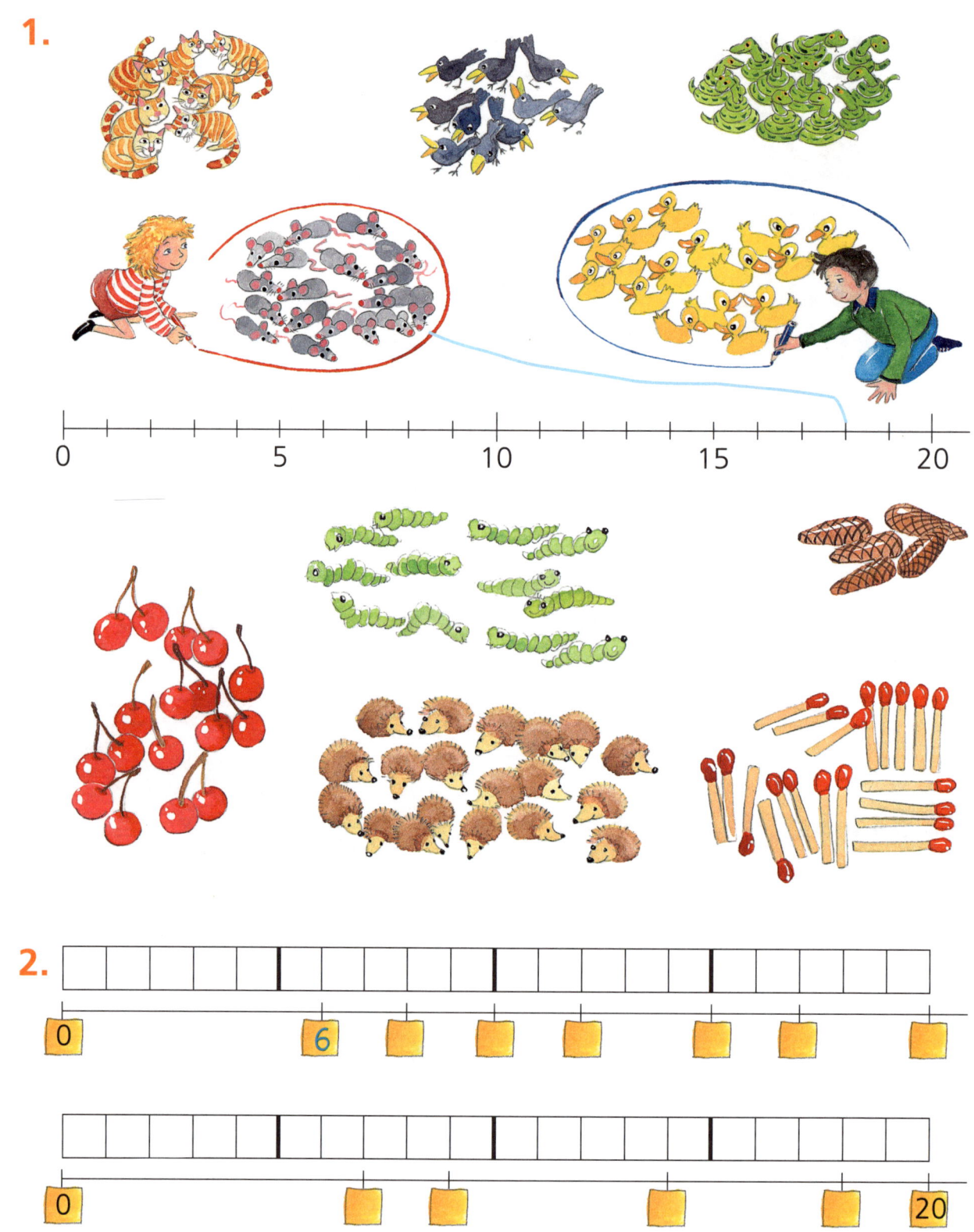

2.

Vorgänger und Nachfolger

1. Finde die fehlenden Zahlen.

| 4 | 5 | 6 |

| ___ | 10 | *11* |

| ___ | 17 | ___ |

| ___ | 9 | ___ |

2.

| ___ | 12 | ___ |

| ___ | 19 | ___ |

| ___ | 14 | ___ |

3.

| ___ | ___ | 6 | ___ | ___ |

| ___ | ___ | 16 | ___ | ___ |

Vertiefung im Zahlenraum bis 20. Zahlenbänder.

Zwanzigerfeld

1.

2.

Anzahlen erfassen

1.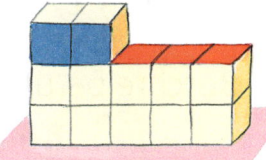

___10___   ___   ___

  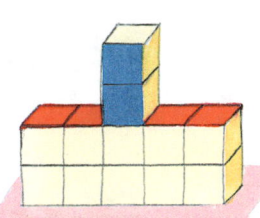

___   ___   ___

___   ___   ___

2.    ___10___   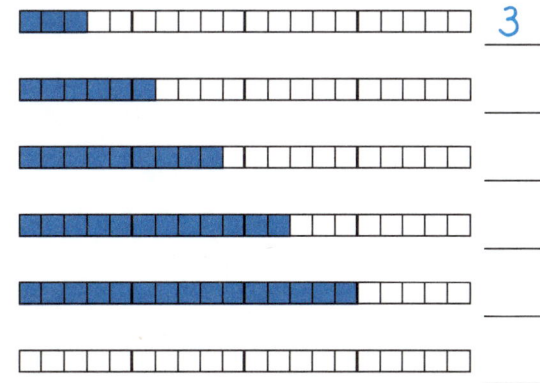   ___3___

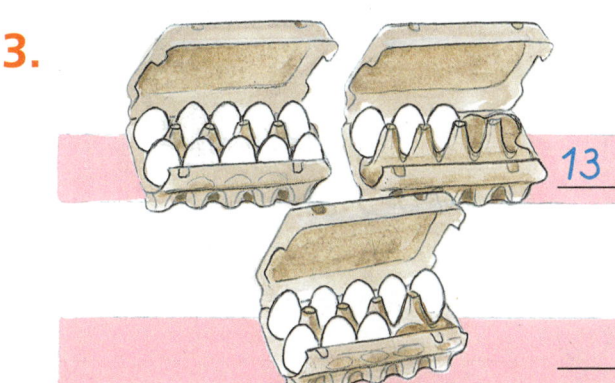 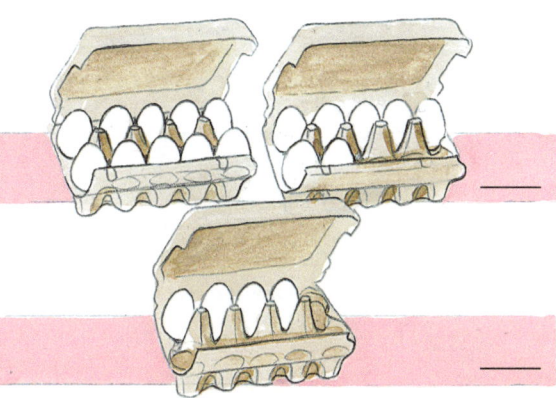

3.

___13___   ___

___   ___

Anzahlen strukturiert erfassen.
Den Mengen Zahlen zuordnen. Zahlenfolgen fortsetzen.

Größer, kleiner, gleich

1. Beschreibe und vergleiche.

5 > 3

___ ◯ ___

___ ◯ ___

___ ◯ ___

2. 20 > 19

___ ◯ ___   ___ ◯ ___

___ ◯ ___   ___ ◯ ___   ___ ◯ ___

3. 20 > 10

___ ◯ ___   ___ ◯ ___

Immer 20

1.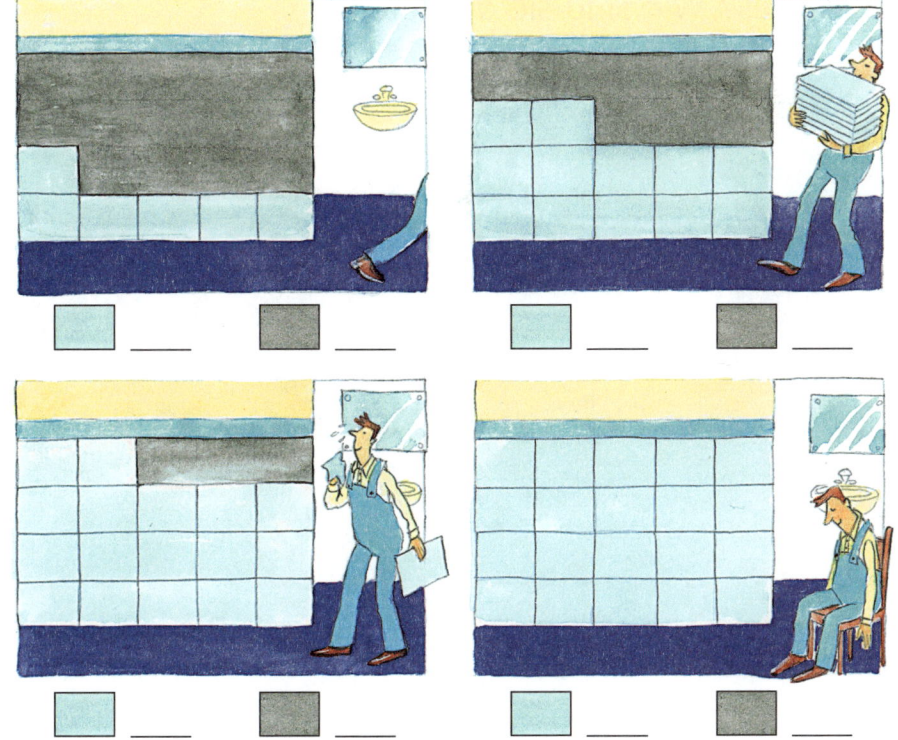

2.

5 15

Zahlen zerlegen

Wie viele Dinge sind es? Wie sind sie aufgeteilt?

1.

11		12		13		14		15	
4	7	4		0		14		0	
	6	5			11	12			0
6		6		4		10		5	
	4		5		7	8			5
8			4	8		6		9	
	2		3		3	4			8

2.

7		17		16		18		15	
7		17		2		11			4
6		16		12		1			14
5		15			1		19	5	
4		14			11		9	15	
3		13		5		13			6
2		12		15		3			16

3.

14		13		16		19		20	
1		0		6					
3		2			8				
5		4		10					

4.

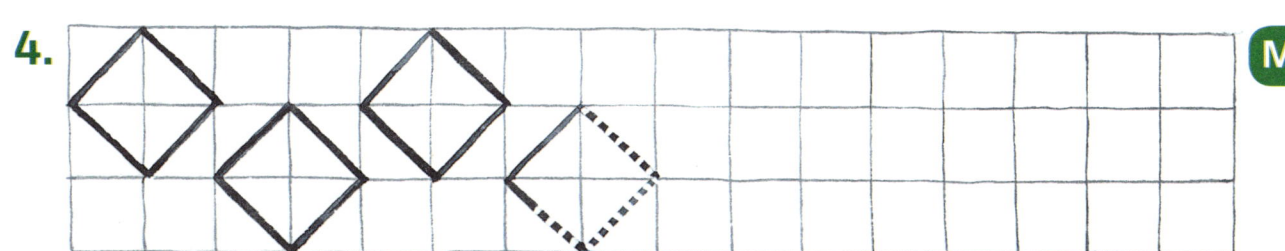

 Zahlen im Zwanzigerraum zerlegen. Eigene Zerlegungen finden. Erkennen von Analogien. Systematisches Vorgehen.

Unser Geld

1. Streiche die fremden Münzen durch.

2. Immer 10 Cent.

3. Wie viel Cent haben die Kinder gespart?

___ ct

4.

15 ct    ___ ct    ___ ct

___ ct    ___ ct 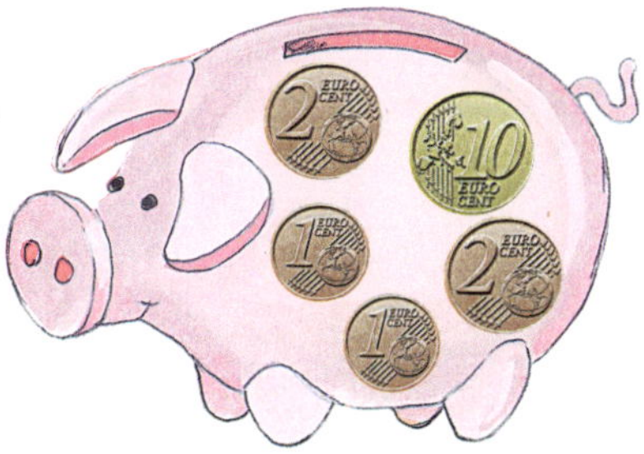   ___ ct

5. Zeichne.

12 ct   20 ct    15 ct

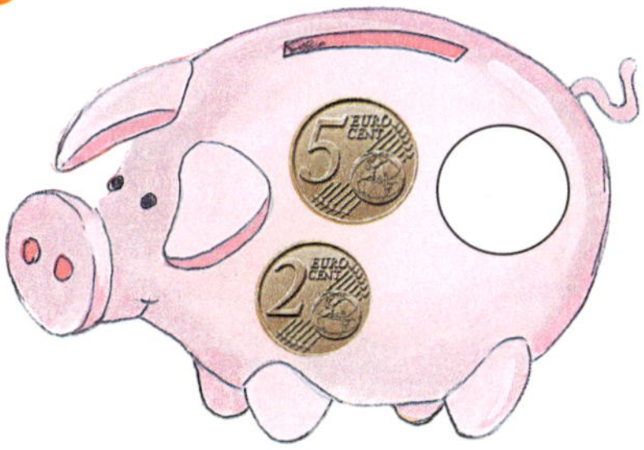

33

Falten und Spiegeln

1. Falte den Flieger.

2.

6

Spiegeln und Verdoppeln

1.
   6

2.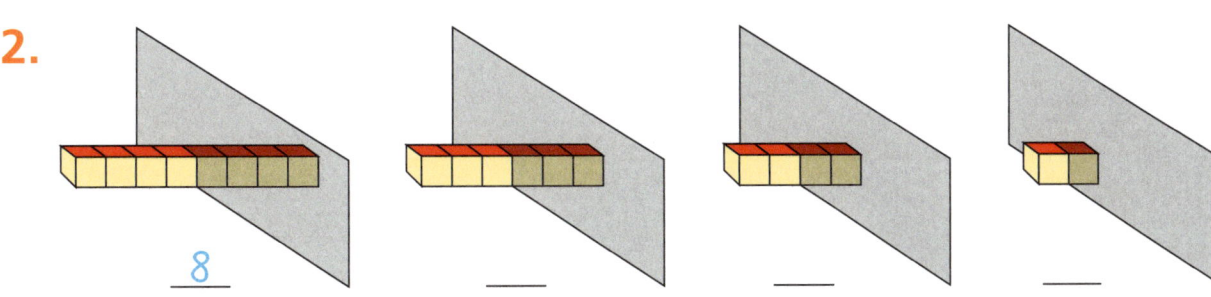
   8

3.

4.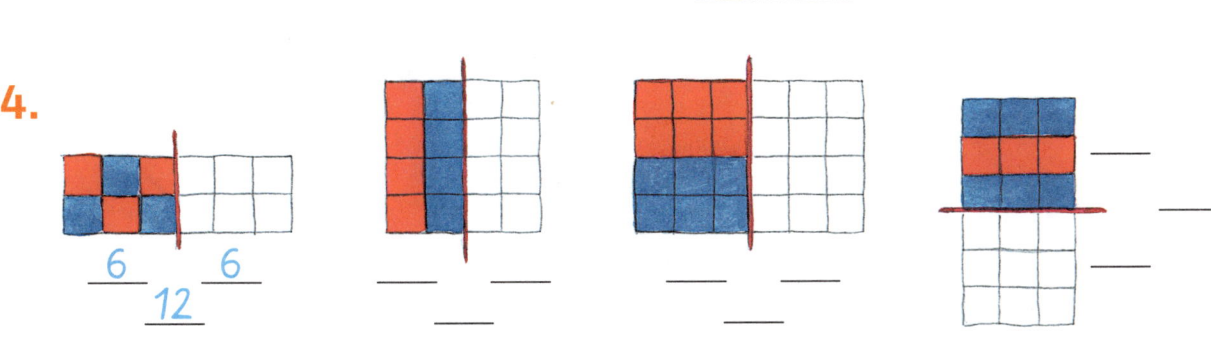
   6   6
    12

5.

Zahl	2	4	6	8	1	3	5	7	0				
das Doppelte	4									20	18	16	1

Ordnungszahlen

1. Falte die Knalltüte.

2.

3.

Falten. Reihenfolge und Rangplätze benennen.

Reihenfolgen

1. Wer ist Erster?

2.

3.

4.

Reihenfolge mit Ordinalzahlen benennen:
Erster-Letzter-Fünfter von rechts. Bilder in die richtige Reihenfolge bringen.

Addieren

1. Ordne zu.

 3 + 2 = 5

 0 + 3 = 3

 8 + 2 = 10

 5 + 3 = 8

2.

3   plus   4   gleich   ___
3   +   4   =   ___

7   plus   7   gleich   ___
7   +   7   =   ___

3. 1 + 3 = ___   2 + 1 = ___
5 + 1 = ___   4 + 3 = ___
8 + 2 = ___   5 + 4 = ___

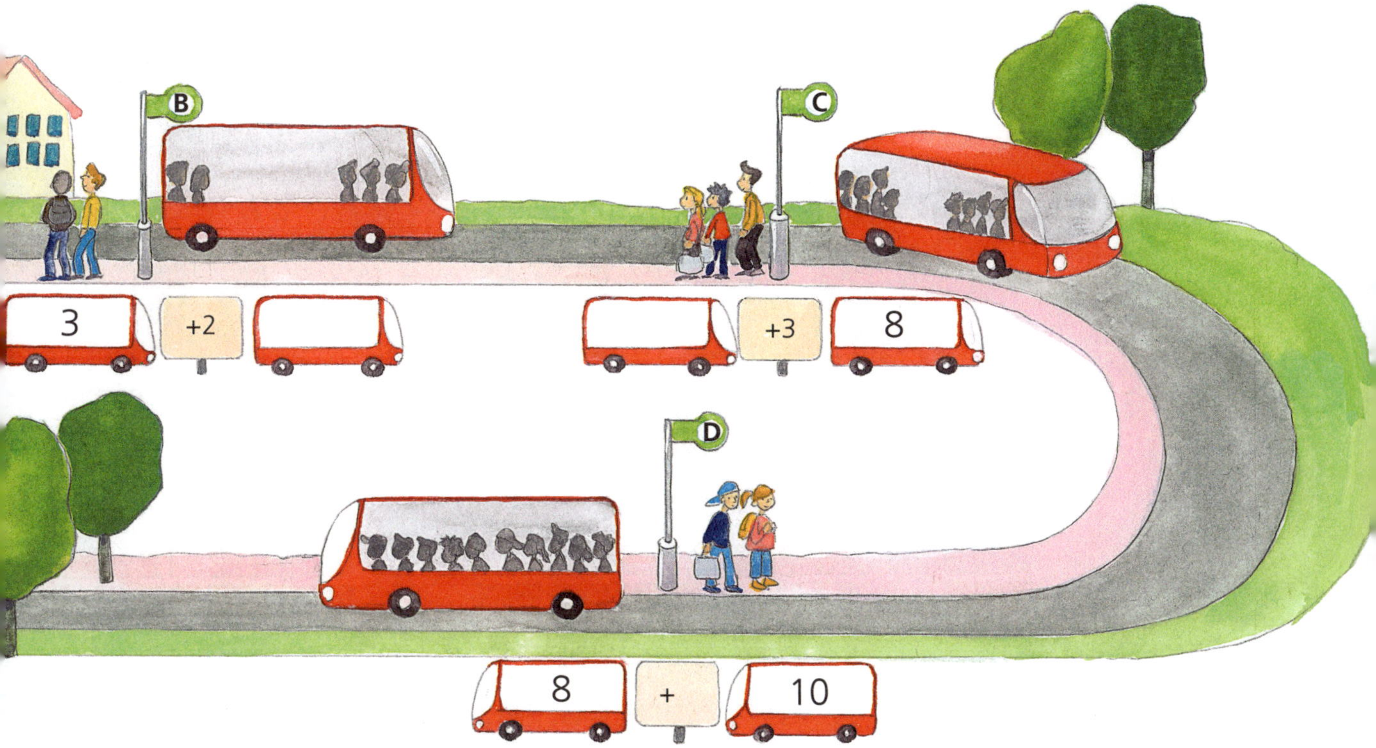

4.
14 plus ___ gleich 16
14 + ___ = 16

16 plus ___ gleich 20
16 + ___ = 20

5. 2 + 2 = ___
3 + 3 = ___
4 + 4 = ___
7 + 1 = ___

6. 1 + ___ = 3
2 + ___ = 4
3 + ___ = 5
5 + ___ = 6

7. 2 + ___ = 3
15 + ___ = 17
15 + ___ = 18
15 + ___ = 19

Addieren – Geschicktes Legen

1. Wer legt günstig? Kreuze an.

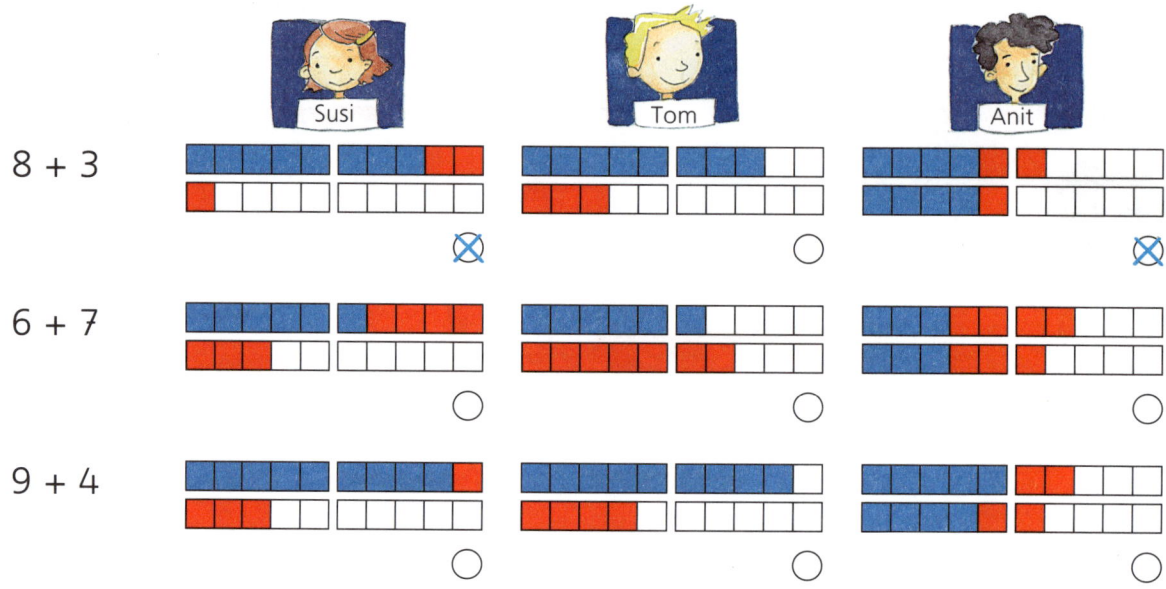

2. Lege und zeichne wie die Kinder. Was ist günstig?

M 3.

Addieren – Gegensinniges Verändern

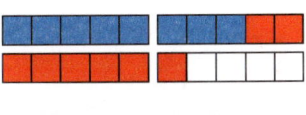   8 + 8 = 16

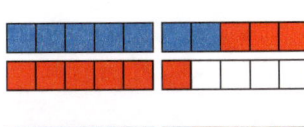   7 + 9 = 16

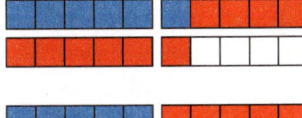   6 + 10 = ___

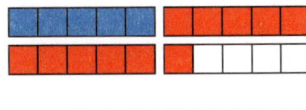   5 + 11 = ___

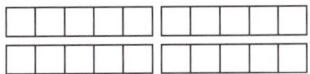   ___ + ___ = ___

1. Lege, male und rechne aus.

6 + 6 = ___   7 + 6 = ___

5 + 7 = ___   8 + 5 = ___

4 + 8 = ___   9 + 4 = ___

2. Rechne aus. Wie geht es weiter?

5 + 4 = ___   7 + 5 = ___   9 + 3 = ___
6 + 3 = ___   6 + 6 = ___   10 + 2 = ___
7 + 2 = ___   5 + 7 = ___   11 + 1 = ___
_ + _ = ___   _ + _ = ___   ___ + _ = ___

3. Setze das Muster fort.

Addieren – Nachbaraufgaben

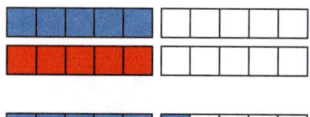 4 + 5 = ___

5 + 5 = 10

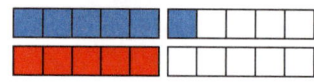 6 + 5 = ___

1. Lege, male und rechne.

6 + 5 = ___   8 + 9 = ___

6 + 6 = ___   **9 + 9 =** ___

6 + 7 = ___   10 + 9 = ___

2. 7 + 8 = ___   6 + 7 = ___   9 + 8 = ___
8 + 8 = ___   **7 + 7 =** ___   **9 + 9 =** ___
9 + 8 = ___   8 + 7 = ___   9 + 10 = ___

3. 6 + 3 = ___   9 + 0 = ___   5 + 4 = ___
7 + 3 = ___   **9 + 1 =** ___   **6 + 4 =** ___
8 + 3 = ___   9 + 2 = ___   7 + 4 = ___

4. 9 + 7 = ___   3 + 9 = ___   9 + 5 = ___
10 + 7 = ___   **3 + 10 =** ___   **10 + 5 =** ___
11 + 7 = ___   3 + 11 = ___   11 + 5 = ___

5. Rechne und schreibe auch die Nachbaraufgaben in dein Heft.
4 + 7 = ___   **2 + 8 =** ___

Addieren am Zahlenstrahl

1.

2.

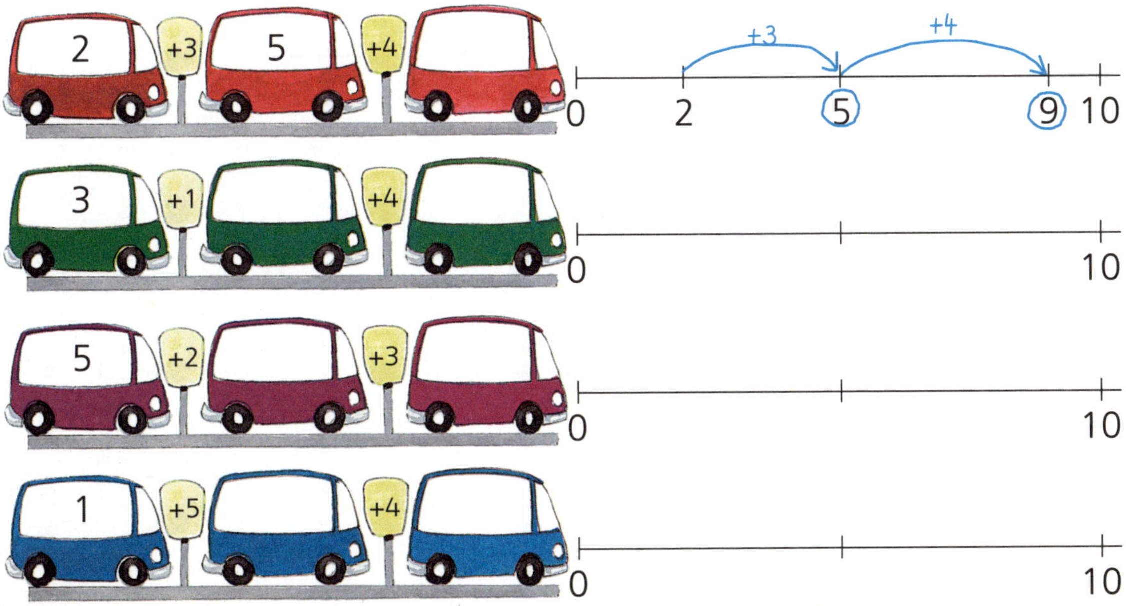

 Additionsketten.

Addieren – Analogieaufgaben

1.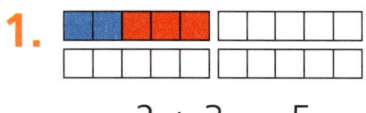

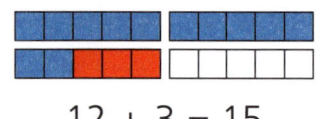 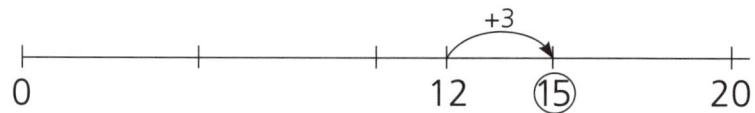

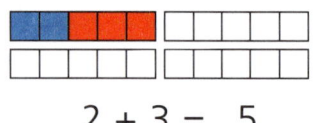

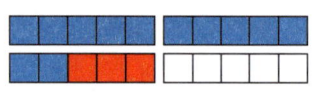 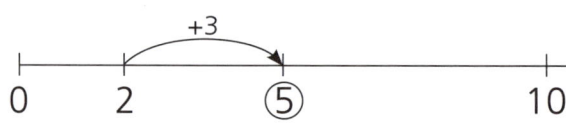

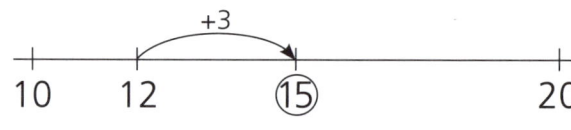 

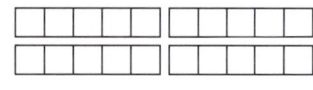

3 + 4 = ___

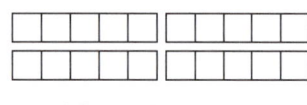 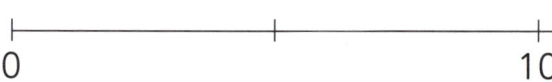

13 + 4 = ___

2. 3 + 6 = ___
13 + 6 = ___
9 + 1 = ___
19 + 1 = ___
2 + 7 = ___
12 + 7 = ___

3. 4 + 4 = ___
14 + 4 = ___
9 + 0 = ___
___ + ___ = ___
1 + 8 = ___
___ + ___ = ___

4. 3 + 3 = ___
___ + ___ = ___
4 + 1 = ___
___ + ___ = ___
8 + 2 = ___
___ + ___ = ___

Addieren – Ergänzungsaufgaben

8 + __5__ = 13

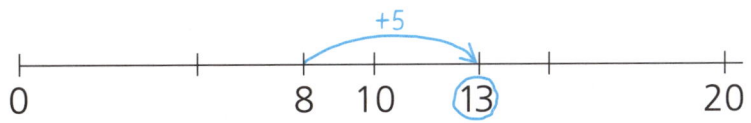

1.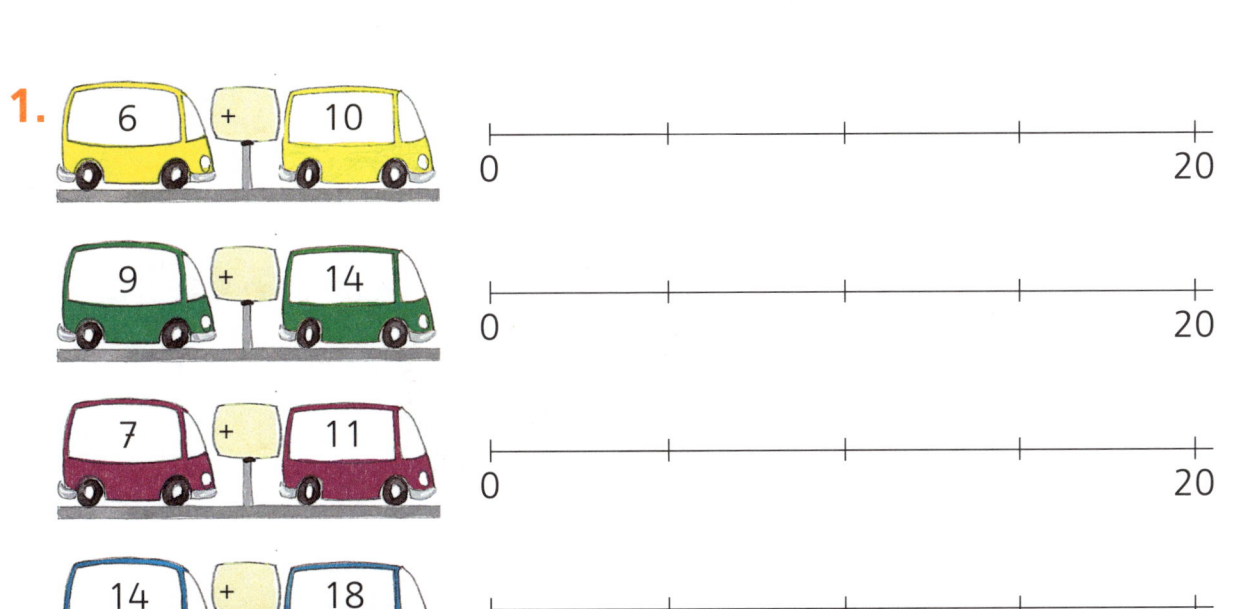

2. 8 + ___ = 11
3 + ___ = 11
6 + ___ = 15
9 + ___ = 15
8 + ___ = 17
9 + ___ = 17

3. 15 + ___ = 20
16 + ___ = 20
17 + ___ = 20
18 + ___ = 19
19 + ___ = 19
20 + ___ = 19

4. 5 + ___ = 10
7 + ___ = 12
9 + ___ = 14
11 + ___ = 15
13 + ___ = 18
15 + ___ = 20

Falten

Bastelt euch einen eigenen Weihnachtskalender.

Kalender

Trage die Kalendertage ein.

1. Dezember

MO	Di	MI	DO	FR	SA	SO

2. Dezember

MO
DI
MI
DO
FR
SA
SO

3. Januar

MO	DI	MI	DO	FR	SA	SO

4. Setze die Wochentage fort.

MO		
DI		
		SO
	MI	

Der Weihnachtskalender.
Verschiedene Kalender. Folge der Wochentage.

Subtrahieren

1. Ordne zu.

 7 − 2 = 5

 5 − 5 = 0

 12 − 2 = 10

 10 − 3 = 7

2.

10 − 6 = ___
10 minus 6 gleich ___

3.

4.

5. 12 − 2 = 10
12 − 3 = ___
12 − 4 = ___
12 − 5 = ___
12 − 7 = ___

6. 14 − 7 = ___
14 − 6 = ___
13 − 6 = ___
13 − 5 = ___
12 − 5 = ___

7. 20 − 5 = ___
19 − 4 = ___
18 − 3 = ___
17 − 2 = ___
16 − 1 = ___

8. 13 − 5 = ___
12 − 4 = ___
11 − 3 = ___
10 − 2 = ___
9 − 1 = ___

9.
___ − 6 = ___

Subtraktionssituationen erkennen und notieren.
9. Aufgaben finden.

Mathemix

1. Zahlentreppen.

```
2 + 4 = 6
    4 + 6 = 10
        6 + 10 = 16

    □ + □ = □
    3 + 5 = □
        □ + □ = □
```

```
3 + 1 = 4
    1 + □ = □
        □ + □ = □

    □ + □ = □
    □ + □ = □
        □ + □ = 15
```

2. Setze fort.

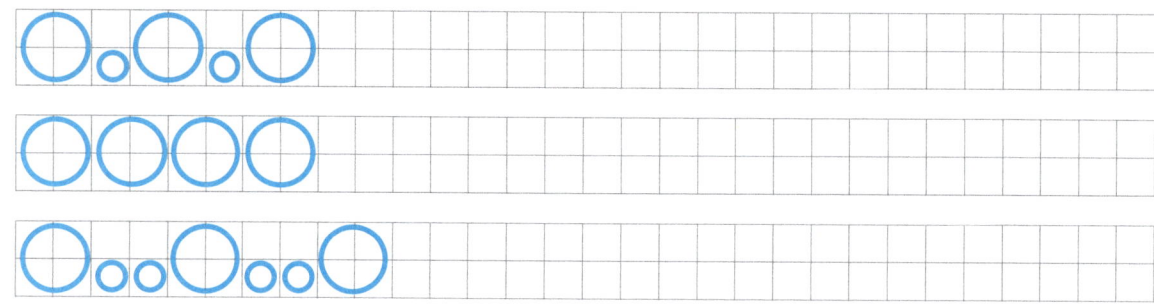

3. Aufgaben finden – schreibe noch mehr Aufgaben in dein Heft.

5 + 2 = 7
9 − 1 = 8

○ + ○ = ○
○ − ○ = ○

3. 5 + 2 = 7
   9 − 1 = 8

4. Nur zwei Clowns sind gleich. Kreuze an.

Ergänzen

1. Wie viele kommen dazu oder gehen weg?

8 + ___ = 12

5 ◯ ___ = 11

12 − ___ = 8

7 ◯ ___ = 3

2.

3.

Additives und subtraktives Ergänzen.

Subtrahieren – geschicktes Legen

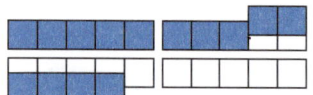   14 – 6 = ___

Annika

Ismet

1. 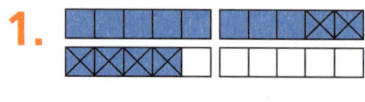   14 – 6 = 8

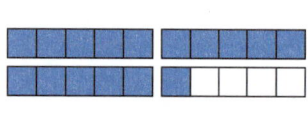   16 – 8 = ___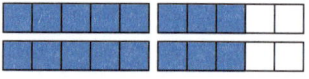

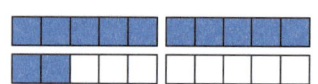   12 – 6 = ___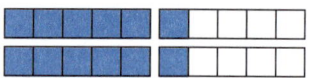

2.   10 – 4 = ___

10 – 7 = ___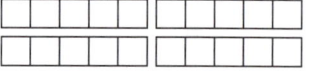

13 – 5 = ___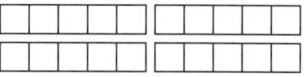

3.   15 – 7 = ___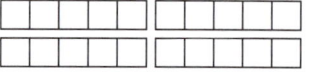

17 – 9 = ___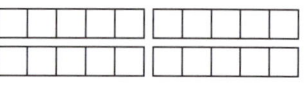

   ___ – ___ = ___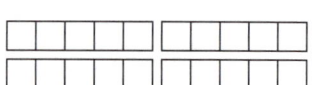

Verschiedene Legearten zur Subtraktion.

Subtrahieren

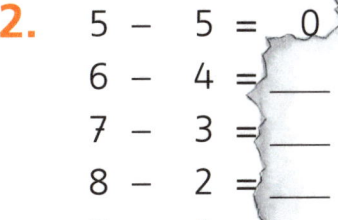

1.
10 − 2 = ___
10 − 3 = ___
10 − 4 = ___
10 − 5 = ___
10 − 6 = ___
10 − 7 = ___
10 − ___ = ___

2.
5 − 5 = 0
6 − 4 = ___
7 − 3 = ___
8 − 2 = ___
9 − 1 = ___
10 − 0 = ___
0 − 10 = ___

3.
9 − 3 = ___
8 − ___ = 5
7 − 3 = ___
6 − 3 = ___
5 − ___ = 2
___ − 3 = 1
___ − 3 = 0

4.
9 − 2 = ___
2 − 9 = ___
7 + ___ = 9
___ − 5 = 2
5 − ___ 7
2 + ___ = 7
5 + ___ = 7

5.
7 − 6 = ___
7 − 4 = ___
7 − 2 = ___
7 − 0 = ___

6.
9 − 6 = ___
9 − 4 = ___
9 − 2 = ___
9 − 0 = ___

7.
5 − 2 = ___
4 − 2 = ___
3 − 2 = ___
2 − 2 = ___

8.
5 ◯ 4 = 9
6 ◯ 2 = 4
8 ◯ 6 = 14
8 ◯ 7 = 1

9.
5 − 0 = ___
9 − 8 = ___
9 − 5 = ___
5 − 9 = ___

10.
9 + ___ = 2
8 − ___ = 0
10 + ___ = 1
7 − ___ = 1

11.
5 ◯ 3 = 8
3 ◯ 5 = 8
8 ◯ 3 = 5
8 ◯ 5 = 3

12.
2 + ___ = 9
2 − ___ = 5
7 + ___ = 9
7 − ___ = 5

13.
4 + 5 = ___
5 − 4 = ___
4 − 5 = ___
5 + 4 = ___

Aufgaben wiederherstellen.
Operative Veränderungen nutzen.

Subtrahieren am Zahlenstrahl

1.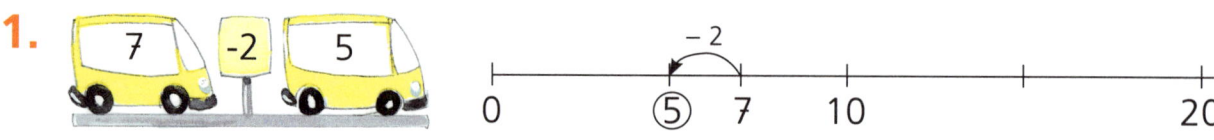

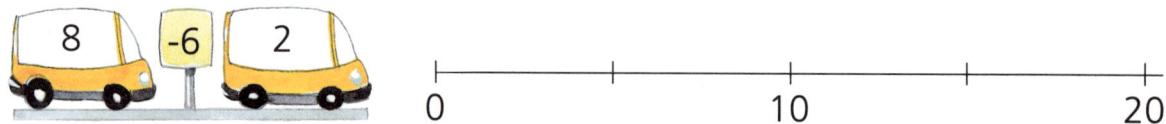

2.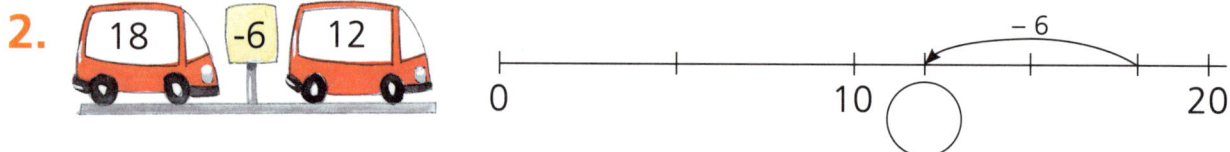

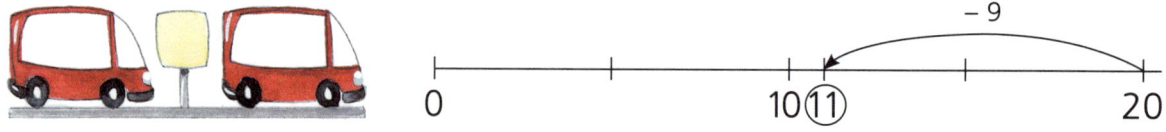

3.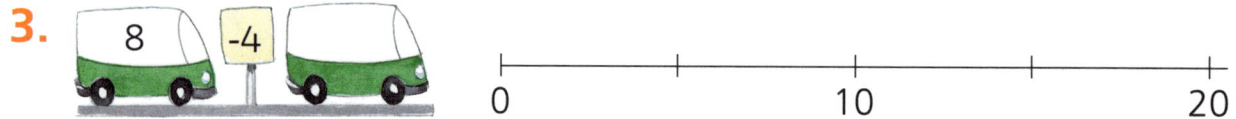

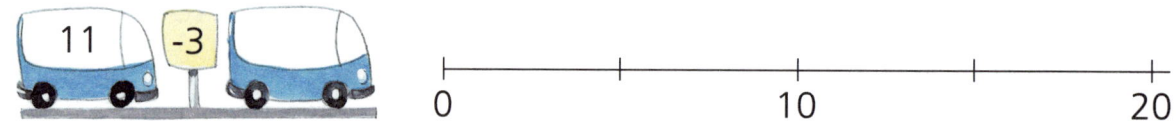

4.

5. 10 − 5 = 5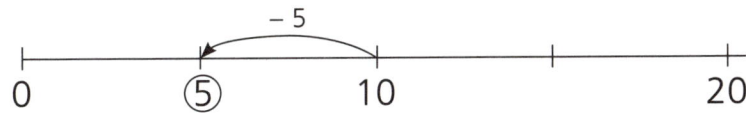

9 − 3 = ___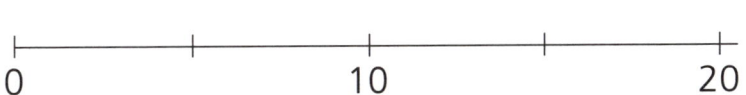

6. ___ − ___ = ___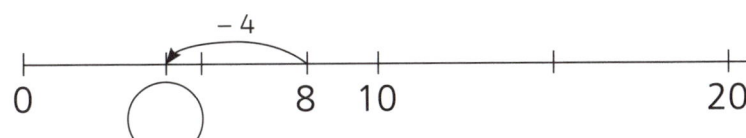

___ − ___ = ___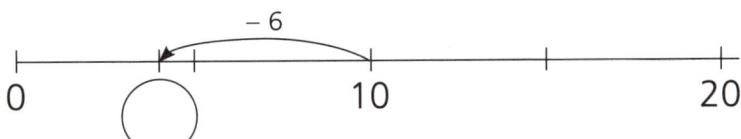

___ − ___ = ___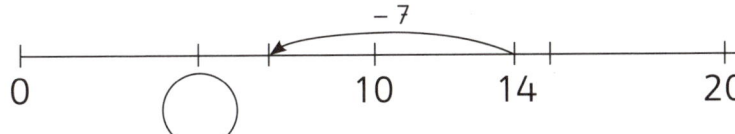

___ − ___ = ___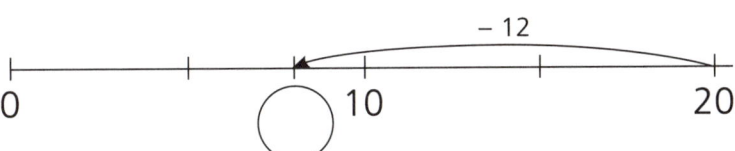

Addieren und Subtrahieren

1. Was passt?

 10 + 7 = ___

 9 − 2 = ___

 7 + 3 = ___

 5 + 4 = ___

 17 − 3 = ___

 14 − ___ = ___

2.

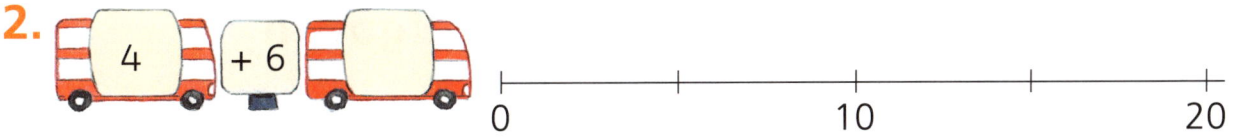

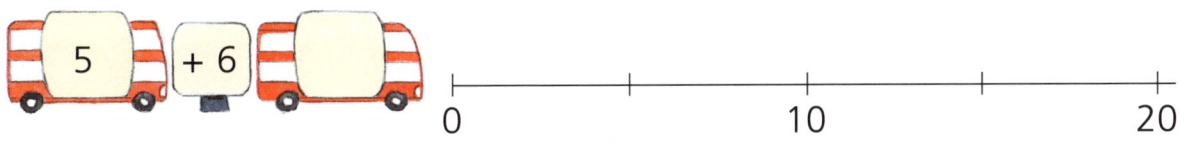

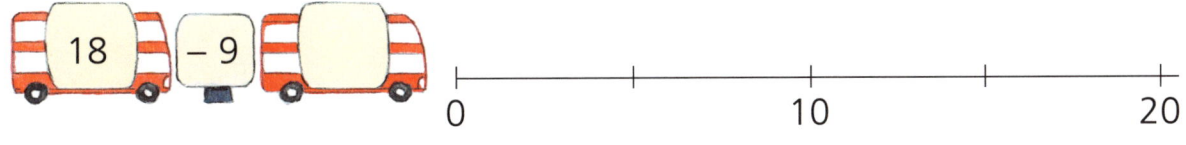

Umkehraufgaben und Tauschaufgaben

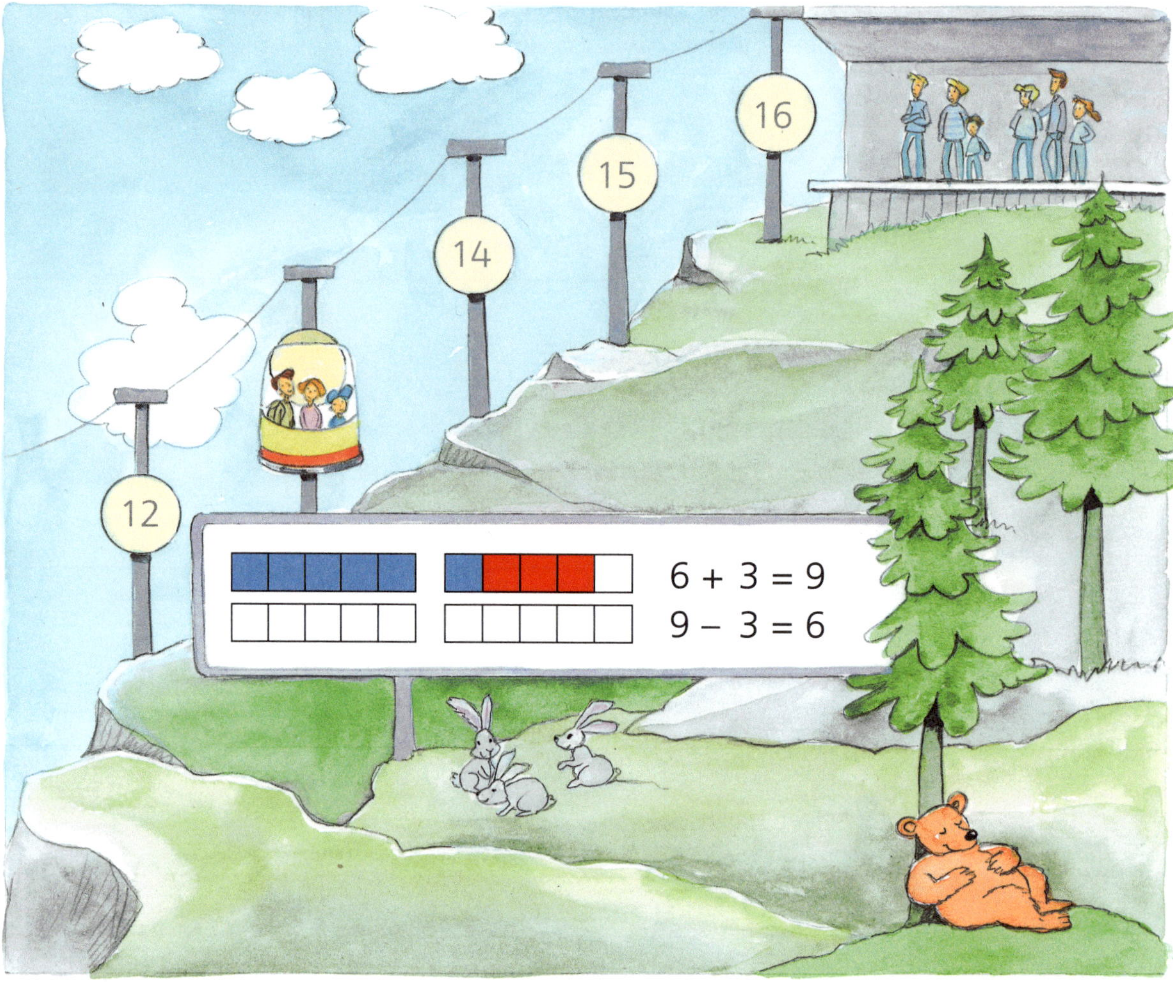

6 + 3 = 9
9 − 3 = 6

1. 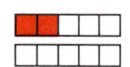 = ___
___ ○ ___ = ___

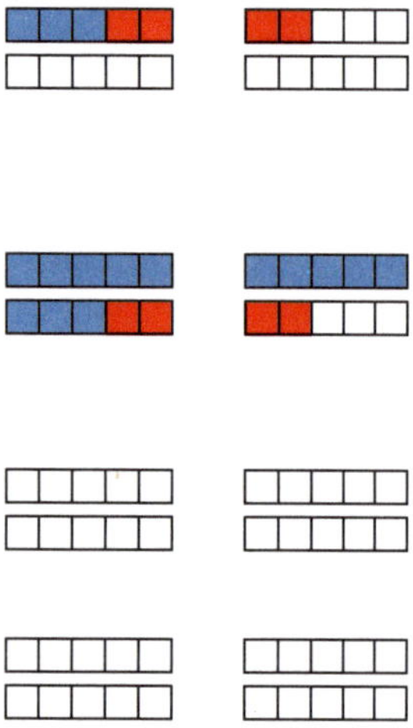

$\underline{3}\ \oplus\ \underline{4}\ =\ \underline{}$
___ ○ ___ = ___

___ ○ ___ = ___
___ ○ ___ = ___

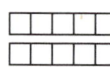 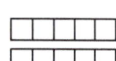

5 + 4 = ___
___ ○ ___ = ___

 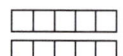

15 + 4 = ___
___ ○ ___ = ___

2. Bilde Aufgaben.

1 + 3 = 4
3 + 1 = 4
4 − 1 = 3
4 − 3 = 1

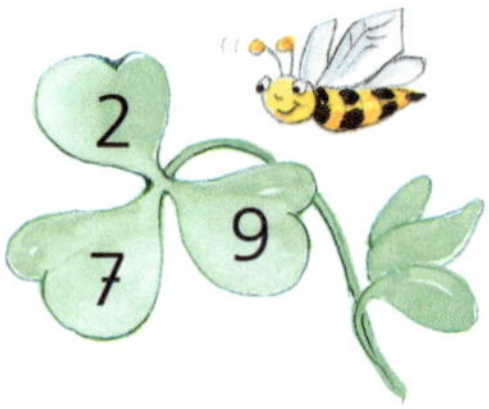

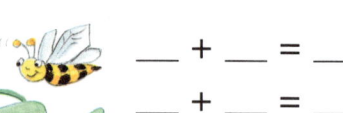

___ + ___ = ___
___ + ___ = ___
___ − ___ = ___
___ − ___ = ___

3.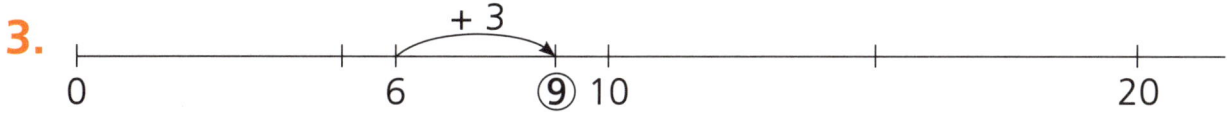

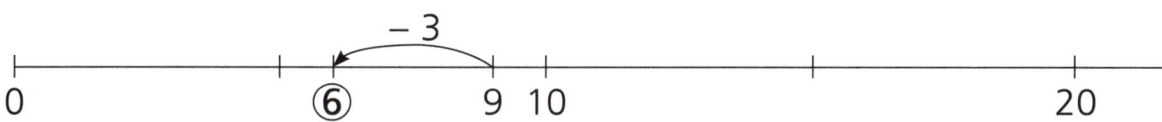

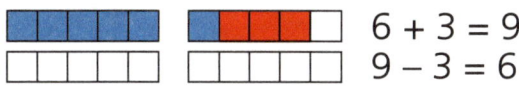 6 + 3 = 9
9 − 3 = 6

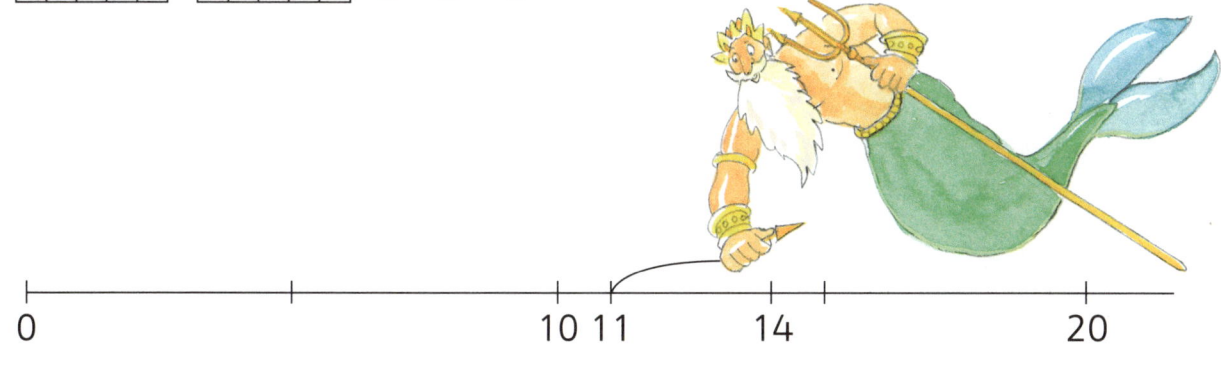

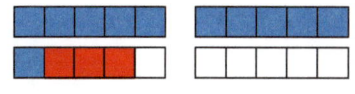 11 + ___ = ___   14 − ___ = ___

4.

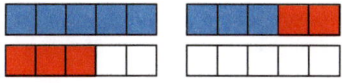 ___ + ___ = ___   ___ − ___ = ___

5.

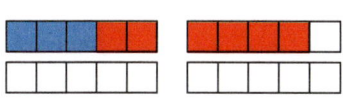 ___ + ___ = ___   ___ − ___ = ___

6. 3 + 2 − 1 + 2 − 1 + 2 − 1 + 2 − 1 + 2 − 1 + 2 − 1 + 2 − 1 + 2 − 1 = ___

Perspektive

Wie sehen sie den Bus?

61

Zahlen zerlegen

1. Wie könnten die Fahrgäste einsteigen?

2. Immer 10.

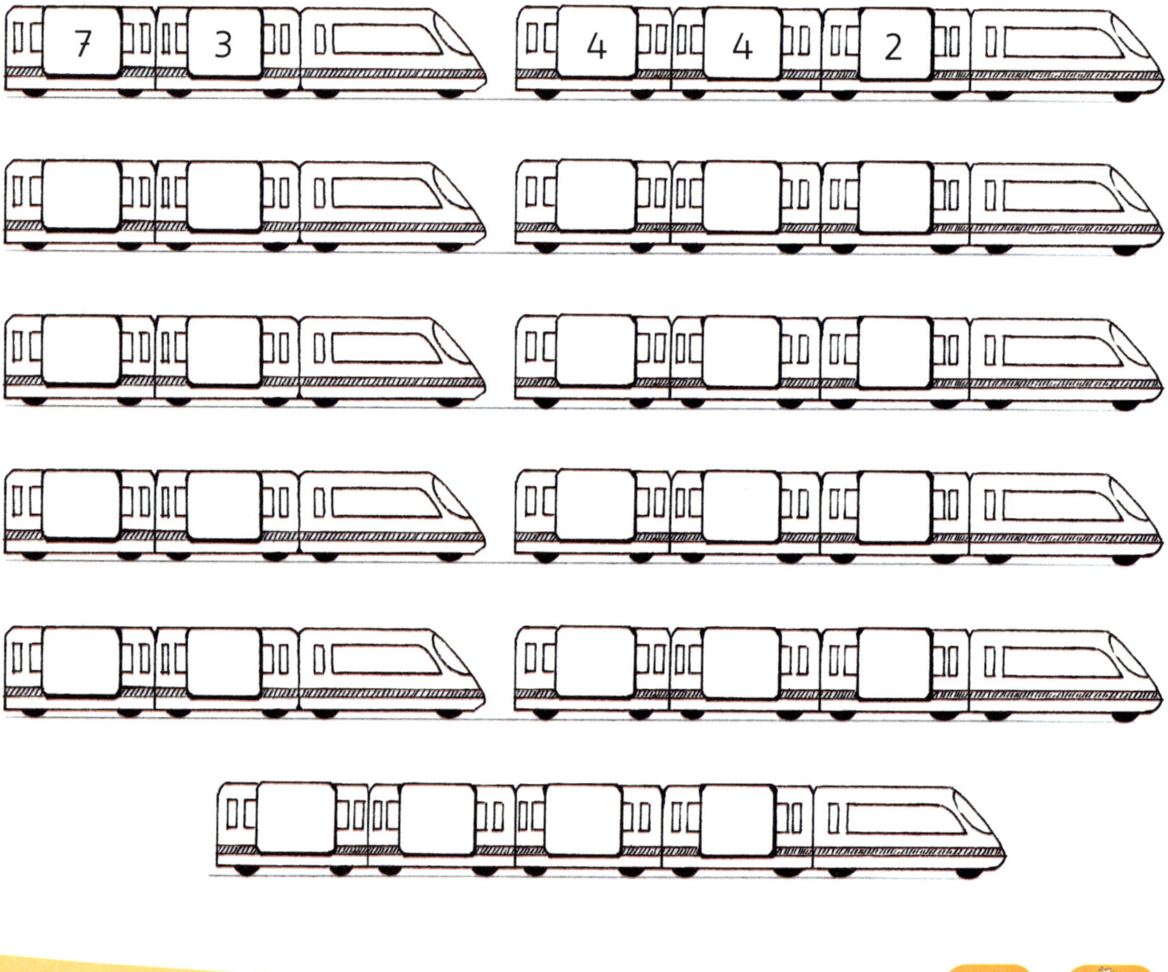

| 7 | 3 | | | 4 | 4 | 2 |

Sachrechnen

1. 9 Leute sind im Zug. Am nächsten Bahnhof steigen noch 5 Leute ein. Im Zug sind dann …

2. 13 Leute fahren mit dem Zug. Einige steigen aus. Jetzt sind noch 8 im Zug. Ausgestiegen sind …

3. Am Bahnhof steigen 4 Leute ein. Nun fahren 11 Leute weiter. Es waren vorher …

4. Immer 12.

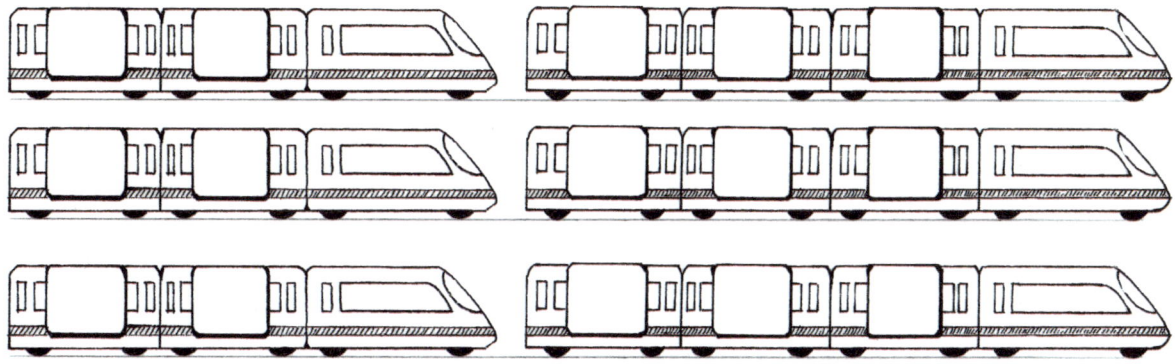

5. 5 Leute sitzen im Zug. Am nächsten Bahnhof steigen 7 aus …

6. 6 Leute sitzen im ersten Waggon, im zweiten sitzen doppelt so viele. Zusammen sind es …

7. In beiden Waggons sitzen zusammen 10 Leute. Im ersten sitzen 2 mehr als im zweiten. Im ersten Waggon sitzen …

8. In einem Waggon sitzen 5 Leute, im anderen 3 Leute mehr. Zusammen sind es …

Sachsituationen verstehen.
Die Zahl 12 zerlegen.

Messen

1. Wie wird gemessen?

2. Markiere mit zwei Farben: Was ist ungefähr 1 m oder 1 cm lang?

3. Wie groß bist du?

4. Wie viele Schritte brauchst du für einen Meter?

5. Warum sind die Wege der Kinder verschieden? Probiert aus.

Mit eigenen Messgeräten messen.
Kennen lernen von Meter und Zentimeter.

Wiederholung

1.  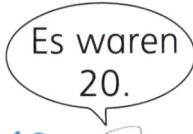 18
   2

 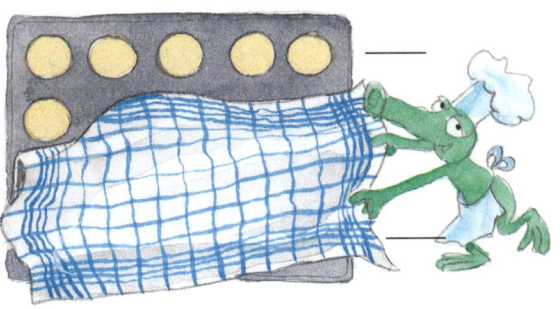

2. Wie viele Plätzchen wurden schon genascht, wie viele sind noch da?

3.

  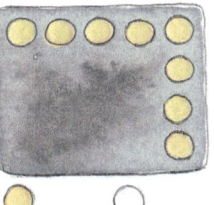

○ 14   ○ 6

 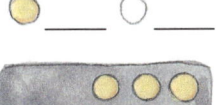 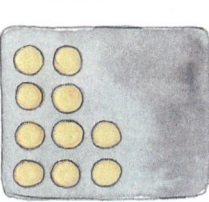

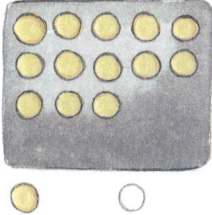 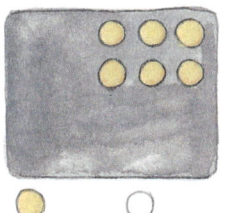 

20	
8	12
	15
	19
	9
	18
	8
	7
	0
	10
3	
13	
16	
6	
1	

Zerlegung der 20.
Zu 20 ergänzen.

Kugel, Würfel und andere Körper

1. Sortiere.

2. Forme aus Ton oder Knetmasse. Beschreibe die Körper.

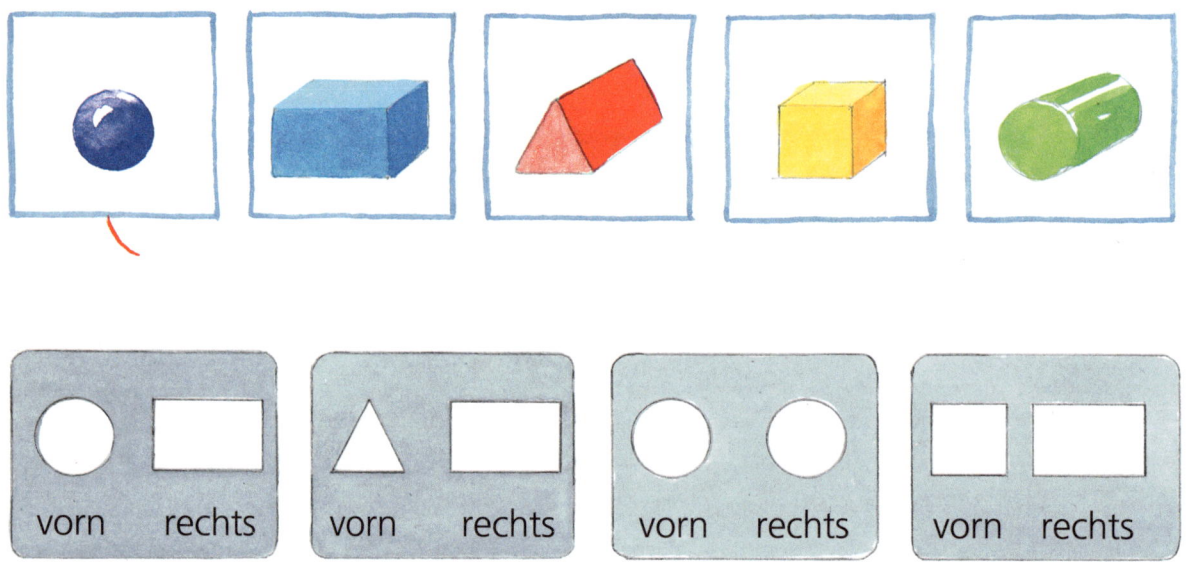

Welche Ansichten gehören zu welchem Körper? Verbinde.

Gleichsinniges Verändern

1.

11 − 6 = 5
10 − 5 = ___
 9 − 4 = ___
 8 − ___ = ___

2.
9 − 7 = ___
8 − 6 = ___
7 − 5 = ___
___ − ___ = ___

3.

15 − 7 = 8
14 − ___ = 8
13 − ___ = 8
12 − ___ = ___
11 − ___ = ___
10 − ___ = ___

4.
19 − 7 = ___
18 − 6 = ___
17 − 5 = ___
___ − ___ = ___
___ − ___ = ___

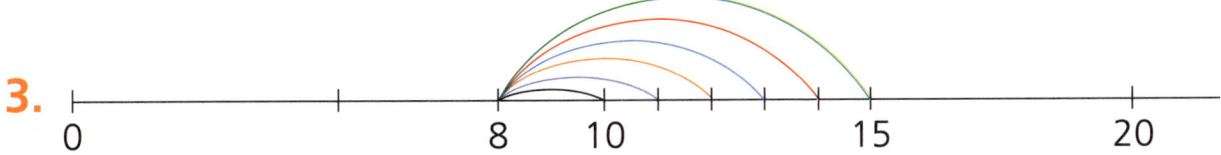

Gleichsinniges Verändern bei Minusaufgaben.

Uhrzeit

1. Trage die Uhrzeiten ein.

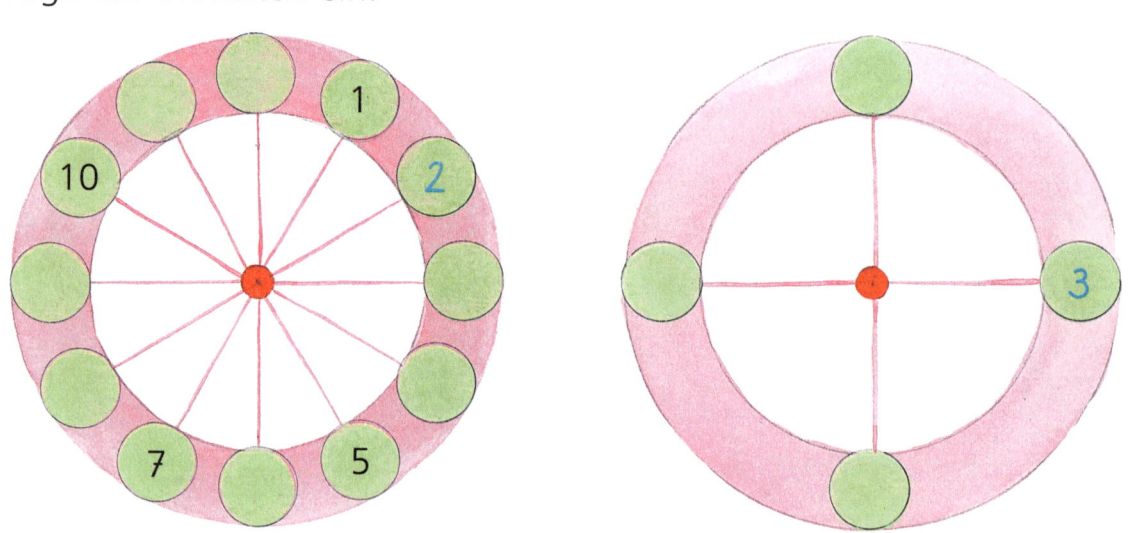

2. Trage die Uhrzeiten ein.

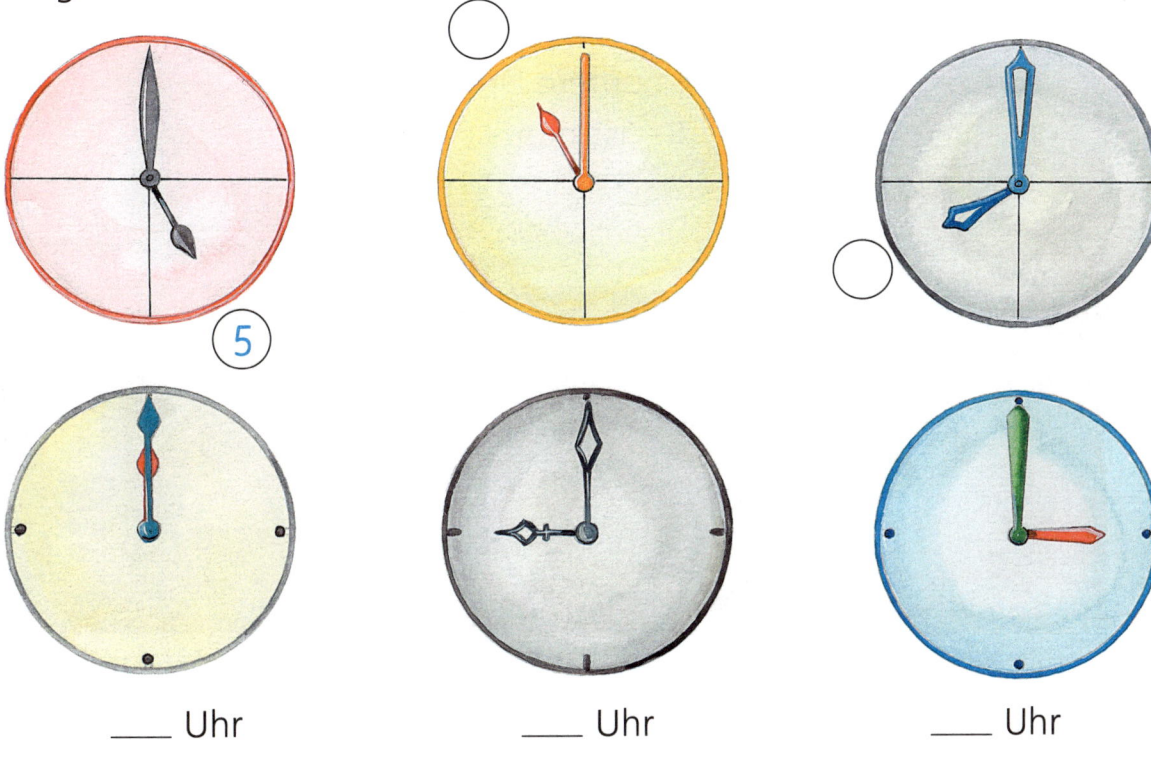

___ Uhr ___ Uhr ___ Uhr

3. Trage die Uhrzeiger ein.

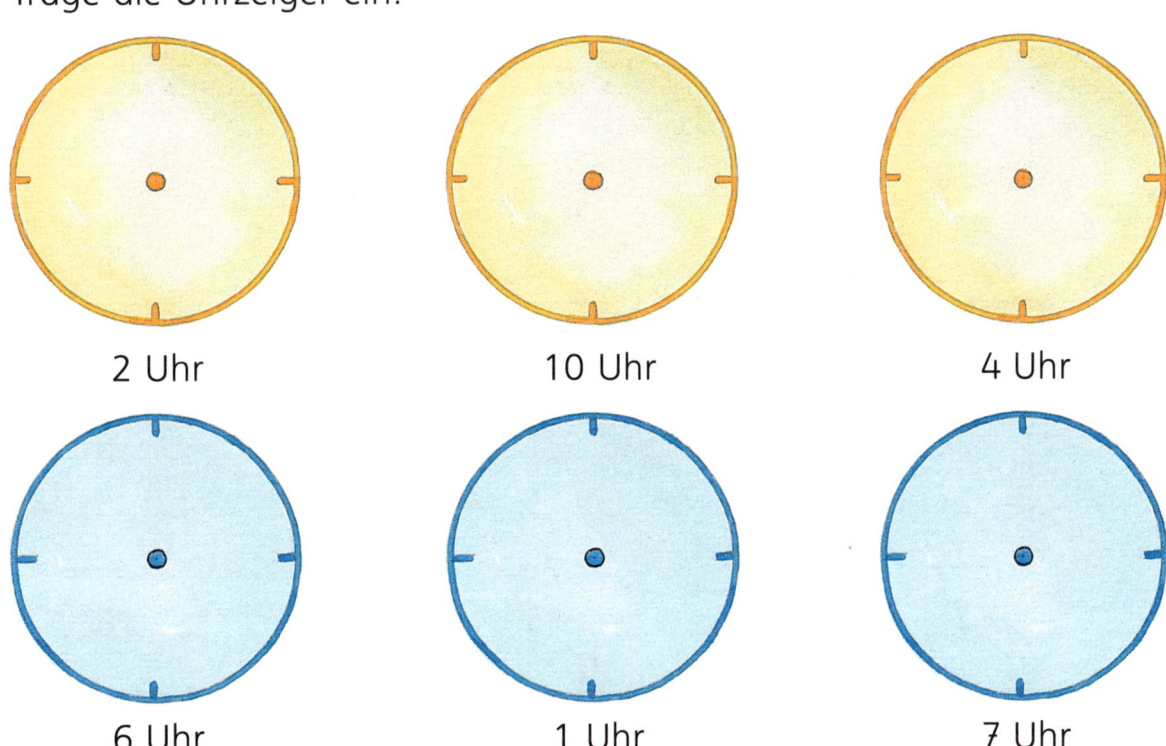

Zeichnungsdiktat

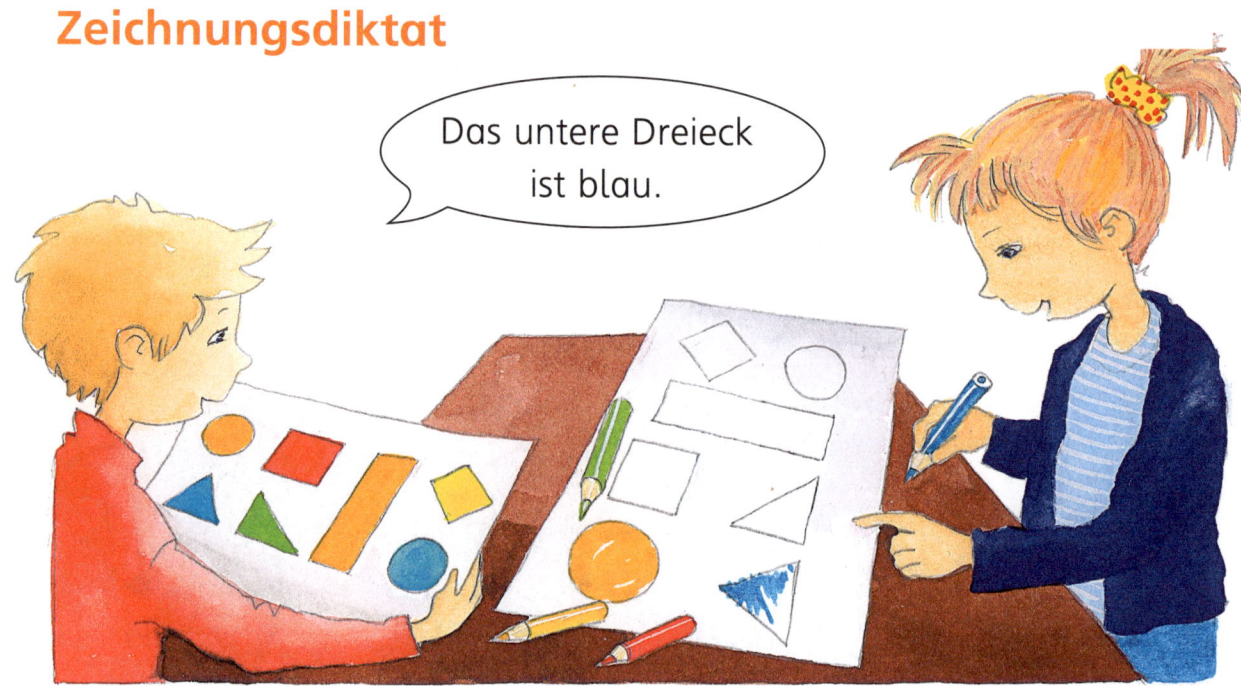

1. Diktiert euch die Farben der Formen. Zeichnet in den Übungsteil.

M 2. ●

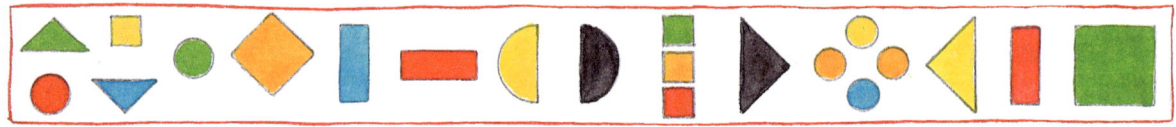

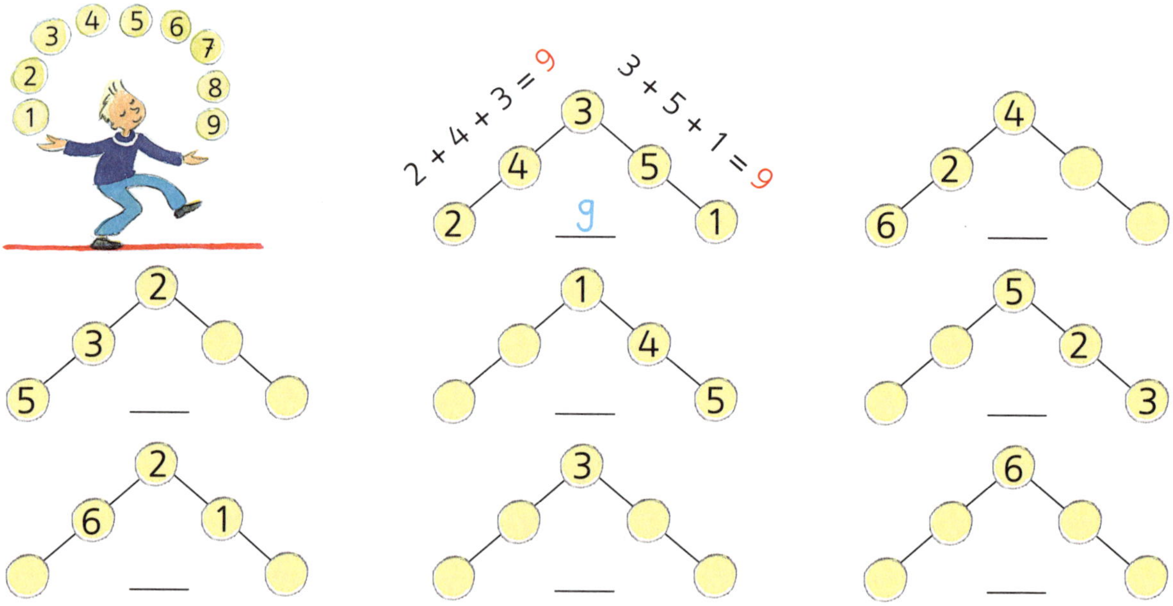

Geometrische Formen beschreiben.
Mit Ziffernplättchen Lösungen ausprobieren.

Wiederholung

1.

2.

10	20	20
2	2	12
6	6	16
9	9	19
3	3	13
4	4	
7	7	
5	5	
1	1	
8	8	
0	0	
10	10	

3.
3 + 4 = ___   6 + 3 = ___   2 + 8 = ___   4 + 5 = ___
13 + 4 = ___   16 + 3 = ___   12 + 8 = ___   14 + 5 = ___
3 + 14 = ___   6 + 13 = ___   2 + 18 = ___   4 + 15 = ___

10 − 3 = ___   10 − 6 = ___   10 − 8 = ___   10 − 7 = ___
20 − 3 = ___   20 − 6 = ___   20 − 8 = ___   20 − 7 = ___
20 − 13 = ___ 20 − 16 = ___ 20 − 18 = ___ 20 − 11 = ___

4.
20 − 12 = ___ 19 − 12 = ___ 18 − 12 = ___ 17 − 12 = ___
10 − 2 = ___   9 − 2 = ___   8 − 2 = ___   7 − 2 = ___
20 − 2 = ___   19 − 2 = ___   18 − 2 = ___   17 − 2 = ___
17 − 5 = ___   16 − 4 = ___   15 − 3 = ___   14 − 5 = ___
7 − 5 = ___   6 − 4 = ___   5 − 3 = ___   4 − 5 = ___
17 − 15 = ___ 16 − 14 = ___ 15 − 11 = ___ 14 − 15 = ___

Symmetrie bei der Zehnerzerlegung am Zahlenstrahl.
Analogieaufgaben.

Rechnen mit Geld

Wie viel Geld haben die Kinder noch?

1.

2. Anna kauft …

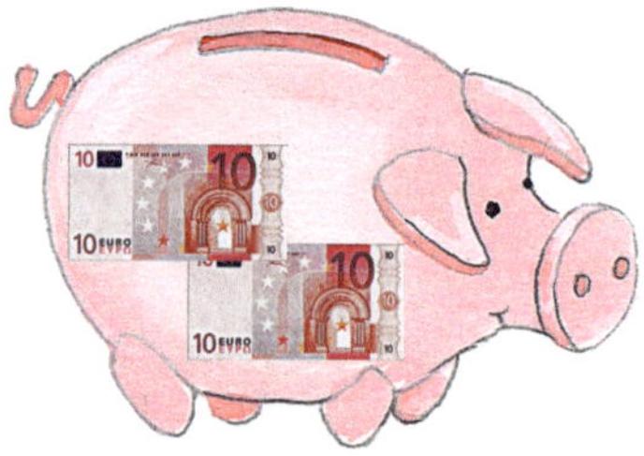

3. Firas kauft …

4. Du kaufst …

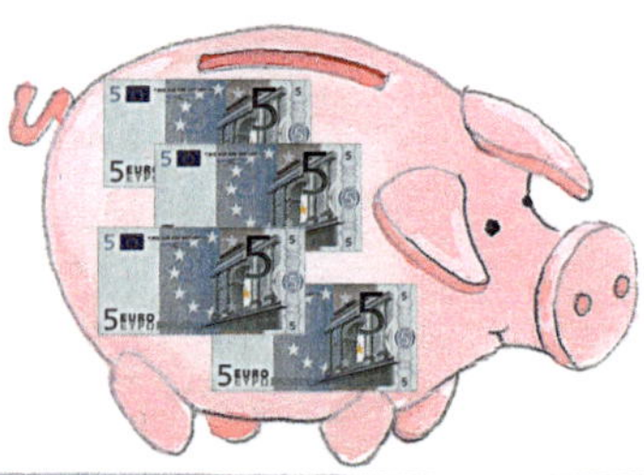

5. Luise hat ___ €.   Sie kauft …   Sie hat noch ___ €.

6. Lea hat ___ €.   Sie kauft …   Sie hat noch ___ €.

7. Toni hat ___ €.   Er kauft …   Er hat noch ___ €.

8. Martin hat ___ €.   Er kauft …   Er hat noch ___ €.

9. ___ hat ___ €.   ___ kauft …   ___ hat noch ___ €.

Anzahlen vergleichen

1.

5 < 10   5 + 3 ◯ 10   8 + 2 ◯ 10

10 + 2 ◯ 10 + 1   12 + 1 ◯ 11 – 2

2. Vergleiche.

3 + 3 > 3 + 2   _____   _____   _____

3. Vergleiche ohne zu rechnen. Erkläre, wie das möglich ist.

5 + 4 < 5 + 6   8 + 3 ◯ 8 – 3   6 + 6 ◯ 5 + 7
8 + 2 ◯ 8 + 4   6 + 7 ◯ 7 + 8   5 + 9 ◯ 6 + 8
9 + 6 ◯ 8 + 8   4 + 9 ◯ 9 + 3   9 – 4 ◯ 8 – 3
9 + 6 ◯ 6 + 9   6 + 4 ◯ 6 – 1   7 – 4 ◯ 7 – 5
1 + 8 ◯ 8 + 4   9 + 8 ◯ 8 + 7   9 – 4 ◯ 9 + 2

Summen und Differenzen vergleichen.

Mathemix

1. Verbinde die Punkte.

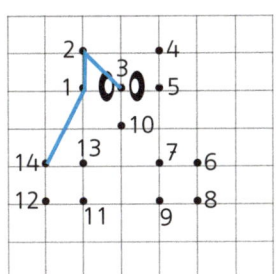 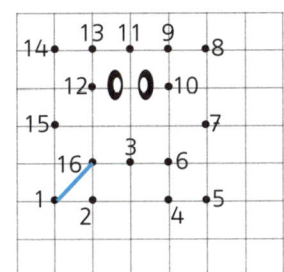 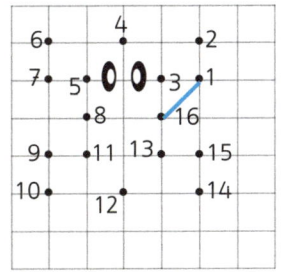

2. Aufgaben finden.

   2 + 6 = 8
        13 − 4 = 9

   ◯ + ◯ = ◯
        ◯◯ − ◯ = ◯

3. Wie viele Vierecke sind es?

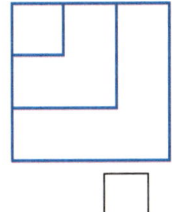 ___ ☐   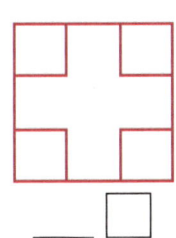 ___ ☐   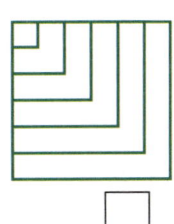 ___ ☐   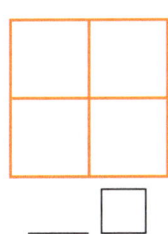 ___ ☐

4. Was stimmt?

3 + 8 = ___	8 + 7 = ___	6 + 4 = ___
4 + 6 = ___	7 + 8 = ___	6 + 5 = ___
5 + 4 = ___	6 + 9 = ___	6 + 6 = ___
6 + 2 = ___	5 + 10 = ___	6 + 7 = ___

A Das Ergebnis wird immer um 1 größer.
B Das Ergebnis bleibt gleich.
C Das Ergebnis wird immer um 1 kleiner.

Flächen vergleichen

1.

2.

3

1. Flächen vergleichen, mit Würfeln nachlegen.
2. Die Größe der Flächen bestimmen.

Mathemix

1. Finde weitere Aufgaben.

2. Rechne als Kettenaufgabe.

10 − 6 =	4	
4 + 7 =	11	
11 + 5 =	___	
___ − 8 =	___	
___ + 11 =	___	
___ − 10 =	___	
___ + 4 =	___	
___ + 7 =	___	
___ − 10 =	___	
___ + 4 =	14	

12 + 5 =	___
___ − 6 =	___
___ + 3 =	___
___ − 7 =	___
___ + 8 =	___
___ + 3 =	___
___ − 16 =	___
___ + 5 =	___
___ − 3 =	___
___ + 6 =	10

3. Baue verschiedene Häuser.

Zahlenpyramiden

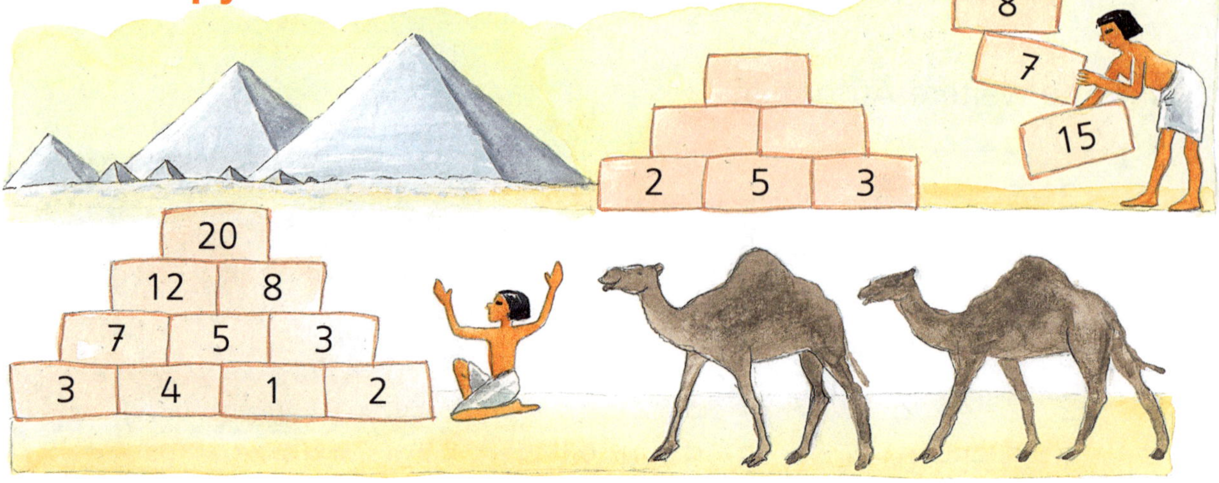

1.

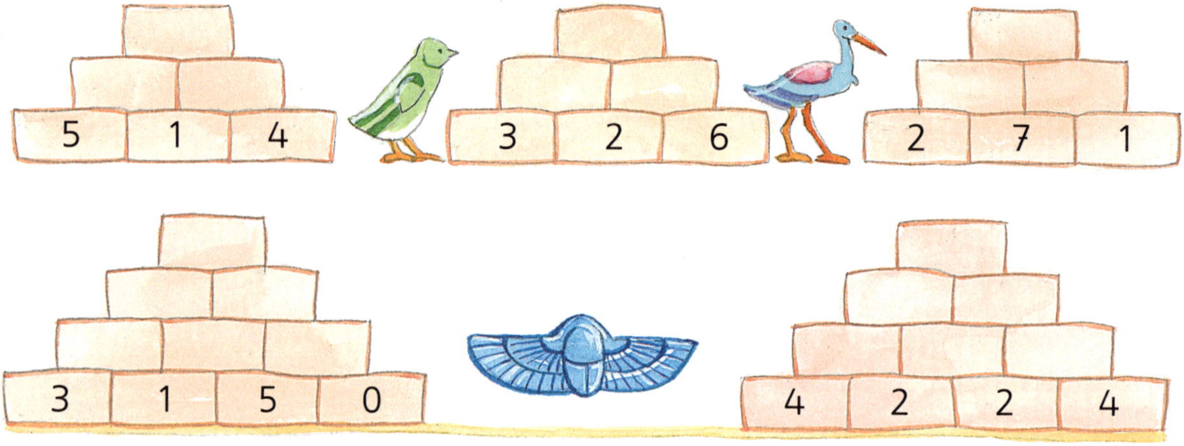

2.

78 Zahlenpyramiden ausfüllen. Geheimschrift entziffern und neue Wörter bilden.

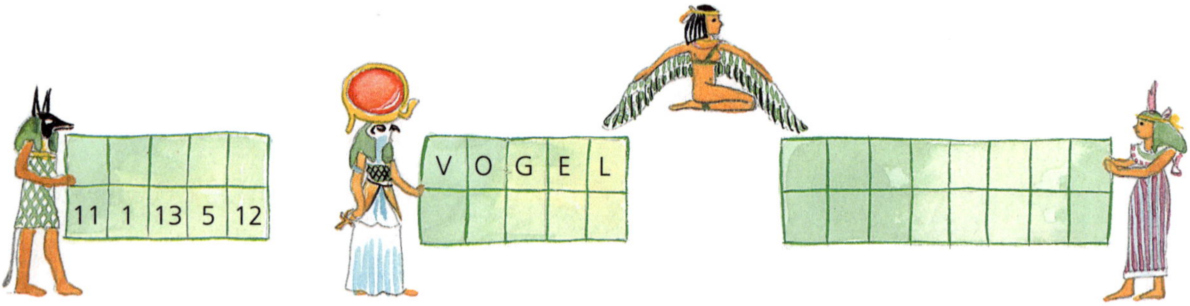

3. Welche Zahlen sind nicht zu sehen?

4. Setze die passenden Steine ein.

5. Welche Zahlen fehlen?

6. Rechne aus. Vergleiche die Grundsteine und die Zielsteine.

Zahlenpyramiden ausfüllen. Grundsteine und Zielsteine vergleichen.

Sachrechnen

1.

	Anni	Max	Sandra	David	Jo
Wie alt sind sie in 3 Jahren?					
Wie alt waren sie vor 3 Jahren?					
Wie alt waren sie vor 5 Jahren?					

2. Sandra übt schon 3 Jahre. _____

3. Max hat mit 8 Jahren seine Trompete bekommen. _____

4. David spielt halb so lange wie Max. _____

5. Erfinde Sachaufgaben und löse sie.

M 6.

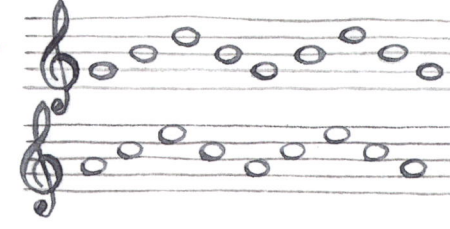

Würfeln mit zwei Würfeln

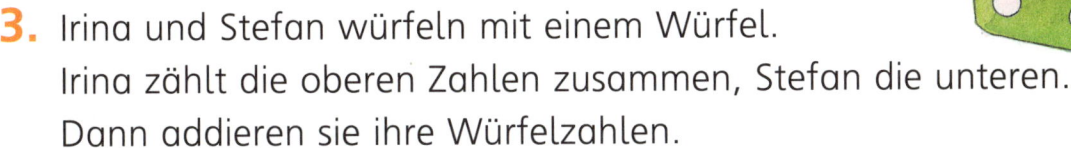

1. Peter hat mit zwei Würfeln 7 gewürfelt.

2. Christina hat mit zwei Würfeln 14 gewürfelt.

3. Irina und Stefan würfeln mit einem Würfel.
   Irina zählt die oberen Zahlen zusammen, Stefan die unteren.
   Dann addieren sie ihre Würfelzahlen.

4. Würfle mit deinem Nachbarn.

△ _____	○ _____	Punkte von △	Punkte von ○
3 + 5 = 8	4 + 2 = 6	2	
Gesamtpunktzahl			

5. Jens hat mehr als Peter.

6. Claudia hat zwei gleiche Zahlen.

7. Ali würfelt so lange, bis er 20 hat.

8. Tanja ist schon 7 Jahre alt. Sie würfelt eine 3 und eine 6.
   Wie alt ist Tanja?

9. Erfinde und löse selbst Sachaufgaben rund um den Würfel.

4. Die Punktzahl berechnet sich aus der Differenz der Summen (z. B. 8−6 = 2).

Plustafeln

+	3	4
1	4	
6		

+	3	4
1		5
6		

+	3	4
1		
6	9	

1. Fülle die Tabellen aus.

+	3	4
1		
6		

+	2	5
3		
4		

+	6	5
4		
6		

+	2	4	6
3			
0			
5			

+	3	1	9
4			
5			
7			

2.

+	4	
	7	
2		3

+		4
3	6	
		5

+	8	
6		11
	10	

Plusaufgaben finden und ordnen

Plusaufgaben ordnen und Regelmäßigkeiten finden.

Einspluseins-Tafel

1. Wie sind die Aufgaben angeordnet? Welche Aufgaben fehlen?

0 + 0	0 + 1	0 + 2	0 + 3	0 + 4	0 + 5	0 + 6	0 + 7	0 + 8	0 + 9	0 + 10
1 + 0	1 + 1	1 + 2		1 + 4	1 + 5	1 + 6	1 + 7	1 + 8	1 + 9	1 + 10
2 + 0	2 + 1	2 + 2	2 + 3	2 + 4	2 + 5	2 + 6	2 + 7	2 + 8	2 + 9	2 + 10
3 + 0	3 + 1		3 + 3	3 + 4	3 + 5	3 + 6	3 + 7	3 + 8	3 + 9	3 + 10
4 + 0	4 + 1	4 + 2	4 + 3		4 + 5	4 + 6	4 + 7	4 + 8	4 + 9	4 + 10
5 + 0	5 + 1	5 + 2	5 + 3	5 + 4	5 + 5	5 + 6	5 + 7		5 + 9	5 + 10
6 + 0	6 + 1	6 + 2	6 + 3	6 + 4	6 + 5	6 + 6	6 + 7		6 + 9	6 + 10
	7 + 1	7 + 2	7 + 3	7 + 4	7 + 5		7 + 7	7 + 8	7 + 9	
8 + 0	8 + 1	8 + 2	8 + 3	8 + 4	8 + 5	8 + 6	8 + 7	8 + 8	8 + 9	8 + 10
9 + 0	9 + 1	9 + 2		9 + 4	9 + 5	9 + 6	9 + 7	9 + 8	9 + 9	9 + 10
10 + 0	10 + 1	10 + 2	10 + 3	10 + 4	10 + 5	10 + 6	10 + 7	10 + 8	10 + 9	10 + 10

2. 2 + 7 _9_
3 + 7 ___
4 + 7 ___

3. ___ 5 + 5 ___
___ _10_ ___

4. 8 + 7 ___

5. 8 + 0 ___

6.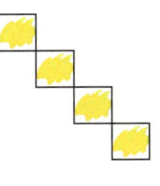

1 + 3 = 4
2 + 2 = ___
___ + ___ = ___
___ + ___ = ___

0 + 5 = 5
1 + 6 = ___
___ + ___ = ___
___ + ___ = ___

7.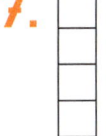

6 + 8 = 14
___ + ___ = ___
___ + ___ = ___
___ + ___ = ___

8 + 4 = 12
___ + ___ = ___
___ + ___ = ___
___ + ___ = ___

7 + 7 = ___
___ + ___ = ___
___ + ___ = ___
___ + ___ = ___

8.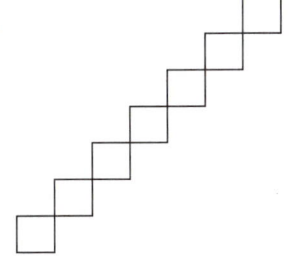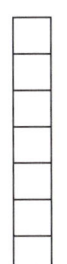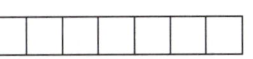

3 + 9 = ___
___ + ___ = ___
___ + ___ = ___
___ + ___ = ___
___ + ___ = ___
___ + ___ = ___
___ + ___ = ___

4 + 6 = ___
___ + ___ = ___
___ + ___ = ___
___ + ___ = ___
___ + ___ = ___
___ + ___ = ___
___ + ___ = ___

5 + 5 = ___
___ + ___ = ___
___ + ___ = ___
___ + ___ = ___
___ + ___ = ___
___ + ___ = ___
___ + ___ = ___

Aufgaben und Regeln finden.

Gitterstadt

1.
a) Ute besucht Nico. Sie geht ___3___ Wegstücke.
b) Tom geht zu Tina. Es sind _____ Wegstücke.
c) Tom und Nico stehen vor der Schule. Den längeren Heimweg hat _____.
d) Nico geht zu Tina. Es sind _____ Wegstücke.
e) Die Schulwege von _____ und _____ sind gleich lang.
f) Ute besucht die Burg. Sie geht 8 Wegstücke. Beschreibe den Weg.
g) Tom und Jan treffen sich zum Angeln an der weißen Brücke. Tom geht _____ Wegstücke und Jan _____ Wegstücke.

2. Tina besucht Nico. Zeichne die Wege ein.

Tina läuft 7 Wegstücke.   Tina bummelt 11 Wegstücke.   Tina geht 9 Wegstücke.

3. Baustellen und Umleitungen. Zeichne, wie Nico nun zu Jan kommt.

4. Der Weg führt über jedes Feld einmal und endet wieder beim Start. Zeichne verschiedene Möglichkeiten.

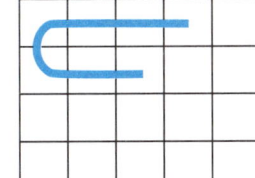  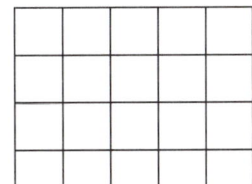 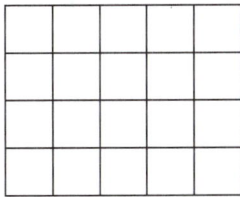

5. Trage hier Zahlen in der Reihenfolge des Weges ein. Anfangspunkt und Endpunkt des Weges sollen zusammentreffen.

1	2		
	3	4	

		1	
	4		

1			

			1

Wege in der Stadt finden.

Gerade und ungerade Zahlen

1. Wie viele Tänzerinnen, Akrobaten, Pferde und Achsen sind es?

2. Es gibt gerade und ungerade Zahlen. Welche Zahlen sind gerade? Kreise sie ein.

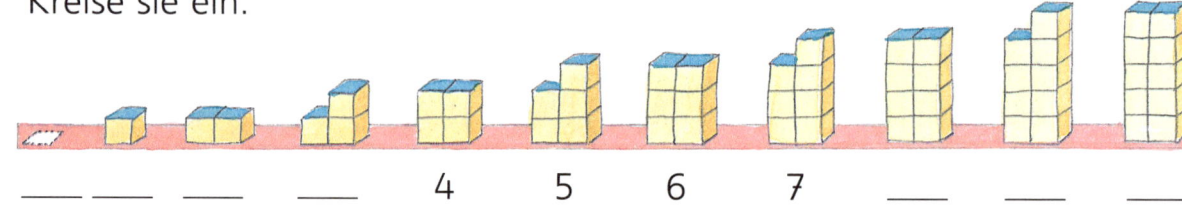

___ ___ ___ ___ 4 5 6 7 ___ ___ ___

3. Vergleiche und erkläre.

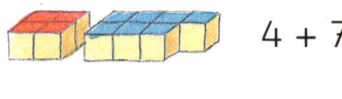 4 + 7   6 + 6   3 + 5

10 + 1   2 + 8   7 + 3

4. Finde die Regel und setze fort.

	Regel		Regel
0, 2, 4, 6, _8_, _10_, _12_	+2	1, 3, 5, 7, ___, ___, ___	
20, 16, 12, ___, ___, ___		19, 17, 15, ___, ___, ___	
0, 4, 8, ___, ___, ___		19, 15, 11, ___, ___	

5.

0 1 2 3 4 5 6 7 8 9 10 11 12 13 14 15 16 17 18 19 20 21 22 23

Färbe die Felder passend. Vergleiche und erkläre.

a) 4 + 2 = 6
8 + 4 = 12
4 + 6 = ☐
16 + 0 = ☐
10 + 6 = ☐

b) 5 + 3 = 8
1 + 7 = ☐
7 + 5 = ☐
9 + 5 = ☐
11 + 9 = ☐

c) 6 + 3 = 9
9 + 6 = ☐
12 + 7 = ☐
8 + 5 = ☐
0 + 9 = ☐

d) 6 + 6 = ☐
11 + 3 = ☐
☐ + ☐ = ▨
☐ + ☐ = ▨
☐ + ☐ = ▨

e) 13 + 3 = ☐
9 + 9 = ☐
☐ + ☐ = ▨
☐ + ☐ = ▨
☐ + ☐ = ▨

f) 11 + 4 = ☐
8 + 3 = ☐
☐ + ☐ = ▨
☐ + ☐ = ▨
☐ + ☐ = ▨

6. Sortiere.

17 + 3   0 + 0   8 + 0   3 + 7   6 + 8   0 + 7

9 + 4   13 + 5   9 + 4

1 + 1   7 + 8   11 + 6   5 + 12

gerade   ungerade

7.

Rechenscheiben

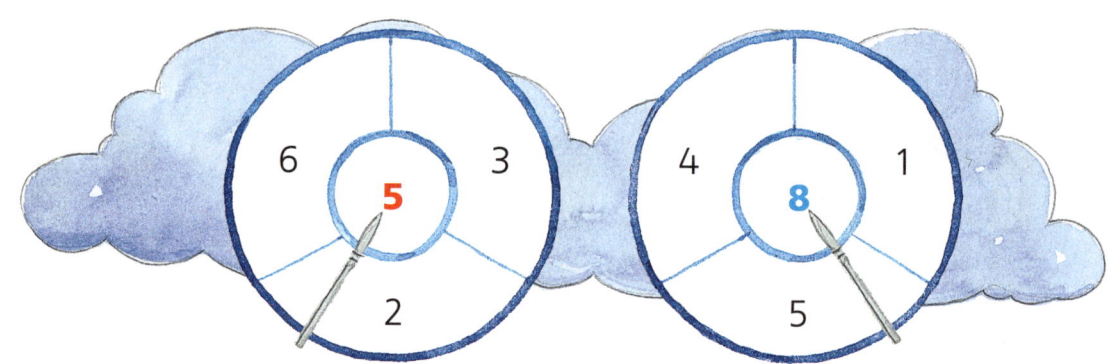

$6 + 2 + 3 = 11$
$6 - 2 + 3 = 7$
$3 - 2 + 6 = 7$
$2 + 6 - 3 = 5$

$1 + 5 + 4 = 10$
$5 + 4 - 1 = 8$

1.

$7 - 2 - 4 = 1$

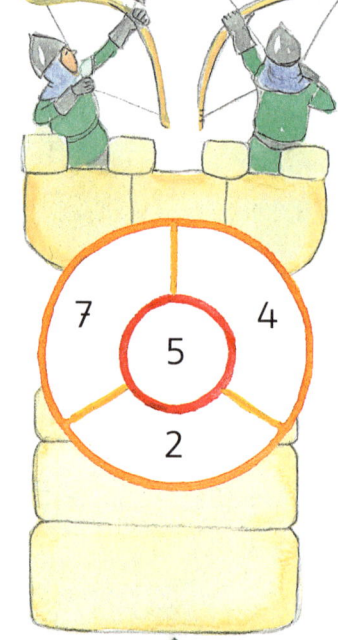

2.

Rechendomino

Dominospiele legen – probiere es selbst.

1. 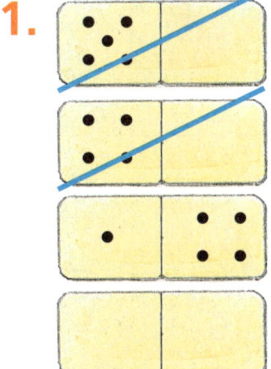   2. 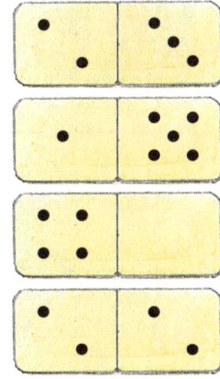   3.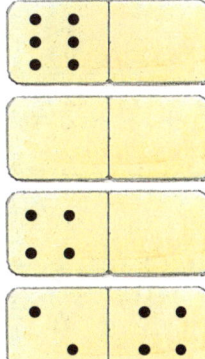

 5 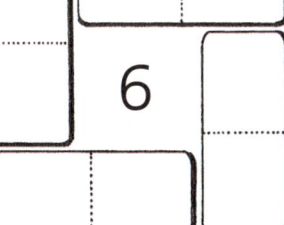 6 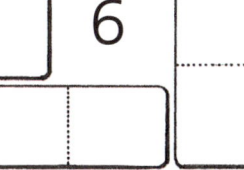 6

Kraft der Mitte

1.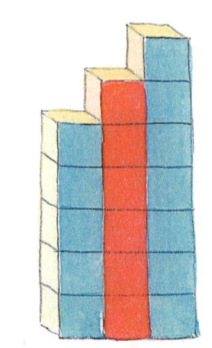

3 + 4 + 5 = ___   _____   _____
4 + 4 + 4 = ___   _____   _____

2.

6 + 4 + 2 = ___   _____   _____
4 + 4 + 4 = ___   _____   _____

3.
1 + 2 + 3 = ___   1 + 3 + 5 = ___   2 + 4 + 6 = ___
2 + 3 + 4 = ___   3 + 5 + ___ = ___   4 + 6 + 8 = ___
3 + 4 + ___ = ___   5 + ___ + ___ = ___ 6 + 8 + 10 = ___
4 + ___ + ___ = ___   ___ + ___ + ___ = ___   ___ + ___ + ___ = ___

4.
___+___+___ = 12   ___+___+___ = 18   ___+ 7 +___ = ___
___+___+___ = 9   ___+___+___ = 18   ___+ 7 +___ = ___
___+___+___ = 15   ___+___+___ = 18   ___+ 7 +___ = ___
___+___+___ = 10   ___+___+___ = 18   ___+ 7 +___ = ___

Mitte finden

1.

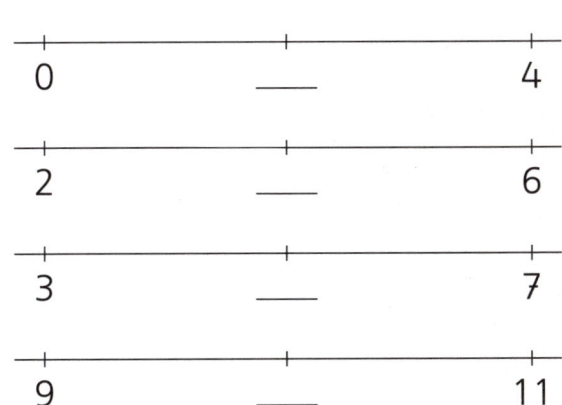

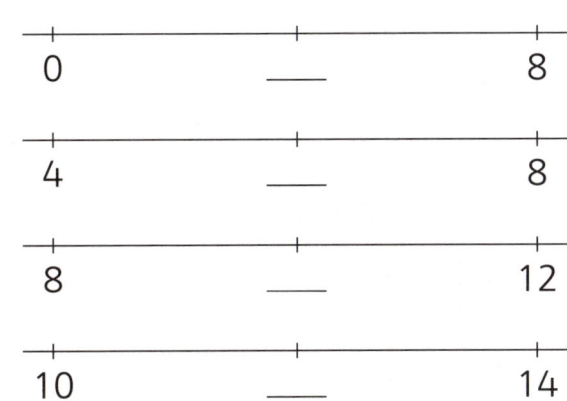

2.

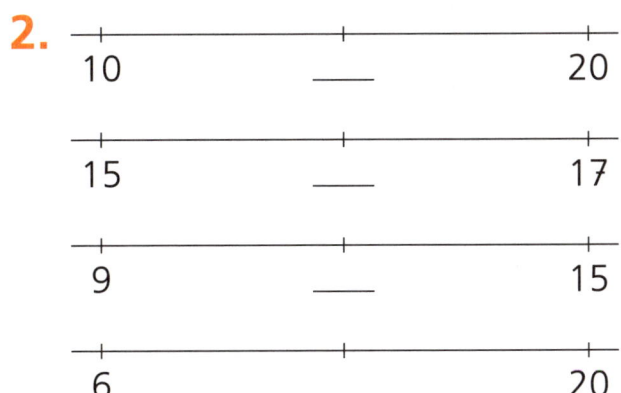

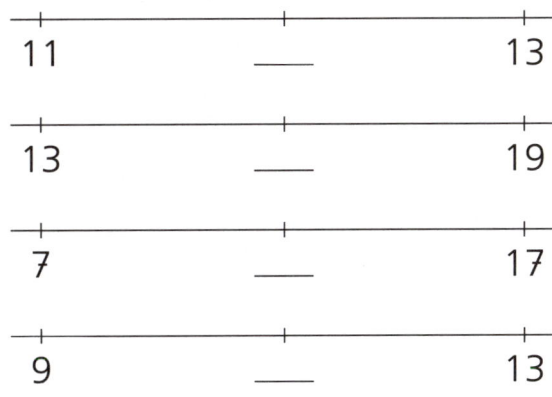

3. Baue um.

1 + 3
2 + 2

_____
_____

_____
_____

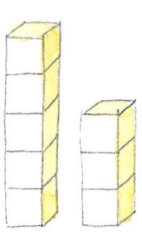

_____
_____

Die Mitte finden am Zahlenstrahl.
Nachbauen und Umordnen.

93

Kunst und Mathematik

Auguste Herbin „Sonne", Skizze und Gemälde

1. Vergleiche die Ausschnitte mit dem farbigen Bild. Finde die Veränderungen.

2. Malt oder klebt selbst Bilder aus Dreiecken, Vierecken und Kreisen.

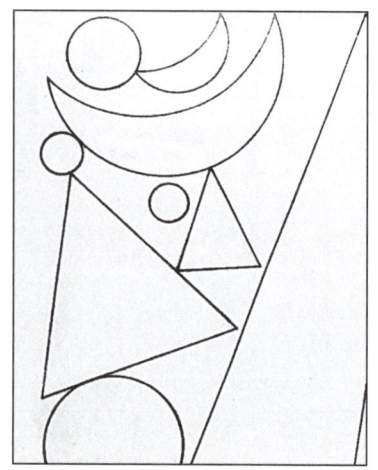
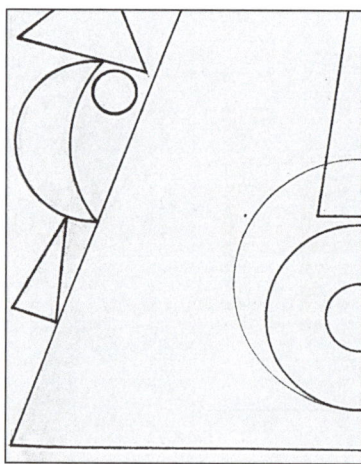
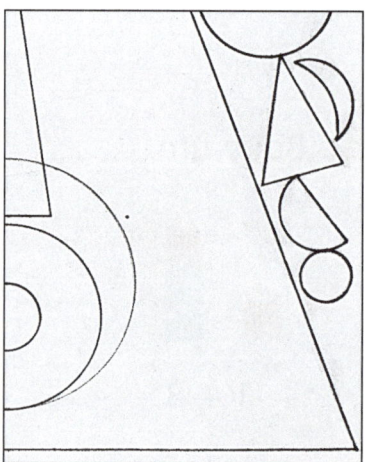

Rechenstrategien beim Addieren

Hans

Bob

Lina

Petra

Strategie: Mitte finden

7 + 9
8 + 8 = 16

Hans

1.

| 6 + 8 |
___ + ___ = 14

| 9 + 7 |
___ + ___ = ___

| 5 + 7 |
___ + ___ = ___

| 4 + 8 |
___ + ___ = ___

| 11 + 9 |
___ + ___ = ___

| 7 + 8 |
___ + ___ = ___

| 8 + 6 |
___ + ___ = ___

| 8 + 12 |
___ + ___ = ___

| 5 + 3 |
___ + ___ = ___

2.

| 2 + 4 |
___ + ___ = ___

| 4 + 6 |
___ + ___ = ___

| 3 + 5 |
___ + ___ = ___

| 9 + 11 |
___ + ___ = ___

| 7 + 5 |
___ + ___ = ___

| 7 + 9 |
___ + ___ = ___

| 8 + 4 |
___ + ___ = ___

| 6 + 4 |
___ + ___ = ___

| 4 + 2 |
___ + ___ = ___

Strategie: Vor – zurück

Bob

1. 8 + 9 ___

2. 5 + 9 ___

3. 6 + 8 ___

4. 5 + 7 ___

5. 7 + 9 ___

6.
3 + 9	2 + 9	3 + 8	6 + 9
4 + 8	9 + 10	2 + 6	9 + 8
5 + 8	7 + 8	1 + 9	2 + 8

Strategie: Verliebte Herzen

1. ♡ 6 + 8 _____

2. ♡ 9 + 7 _____

3. ♡ 5 + 9 _____

4. ♡ 8 + 4 _____

5. ♡ 7 + 5 _____

6. ♡ 4 + 9   ♡ 7 + 8   ♡ 5 + 8   ♡ 9 + 5
   ♡ 9 + 6   ♡ 9 + 2   ♡ 8 + 6   ♡ 8 + 3
   ♡ 6 + 7   ♡ 8 + 3   ♡ 6 + 9   ♡ 7 + 6

Strategie: Verdoppeln

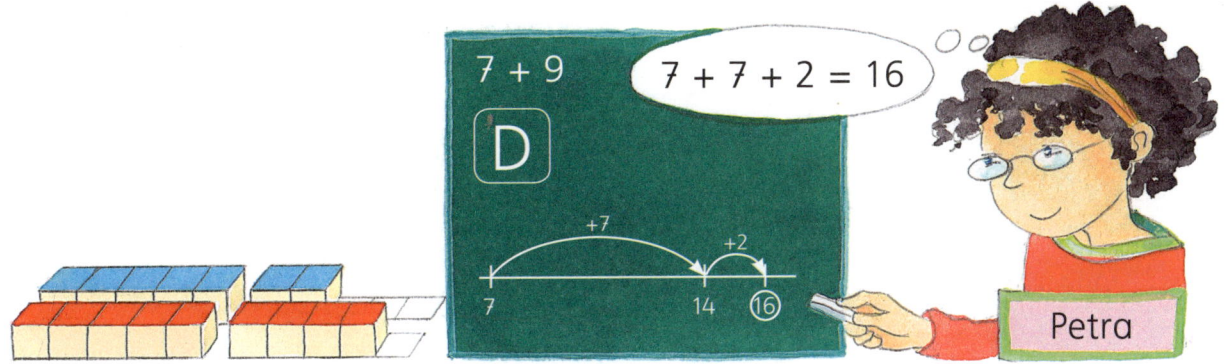

1. D 6 + 7 _____

2. D 8 + 9 _____

3. D 7 + 8 _____

4. D 9 + 10 _____

5. D 3 + 7 _____

6. D 4 + 5   D 2 + 3   D 5 + 6   D 5 + 7
   D 3 + 4   D 10 + 9   D 4 + 6   D 3 + 6
   D 6 + 8   D 4 + 3   D 9 + 8   D 2 + 5

Strategie wählen

1. Wie rechnest du?

◯ 6 + 7 _____

◯ 3 + 8 _____

◯ 6 + 8 _____

◯ 6 + 9 _____

◯ 5 + 7 _____

2.
◯ 7 + 5	◯ 8 + 4	◯ 6 + 5	◯ 5 + 9
◯ 5 + 8	◯ 4 + 7	◯ 4 + 6	◯ 3 + 4
◯ 9 + 7	◯ 7 + 8	◯ 8 + 6	◯ 7 + 9
◯ 8 + 3	◯ 7 + 6	◯ 4 + 3	◯ 2 + 9

Perspektive

Reite mit!

Was sieht der Ritter **l**inks und was **r**echts am Wegesrand?

	r			

Rechts-Links-Orientierung.

Daten und Häufigkeit

1.

2.

3.

4. Würfle mit 2 Würfeln. Addiere. Trage die Ergebnisse ein.

1	
2	
3	
4	
5	
6	
7	
8	
9	
10	
11	
12	
13	

Statistik. Ergebnisse in einer Tabelle notieren.

Rechenstrategien beim Subtrahieren

16 − 9
16 − 10 + 1 = 7

16 − 9
9 + 7 = 16

16 − 9
16 − 6 − 3 = 7

Strategie: Zurück – vor

1. 14 – 9 _____

2. 17 – 8 _____

3. 13 – 9 _____

4. 12 – 8 _____

5. 16 – 7 _____

6. 17 – 9   13 – 6   11 – 9   16 – 8
   14 – 8   12 – 9   15 – 8   14 – 5
   15 – 9   16 – 9   11 – 8   13 – 8

Strategie: Ergänzen

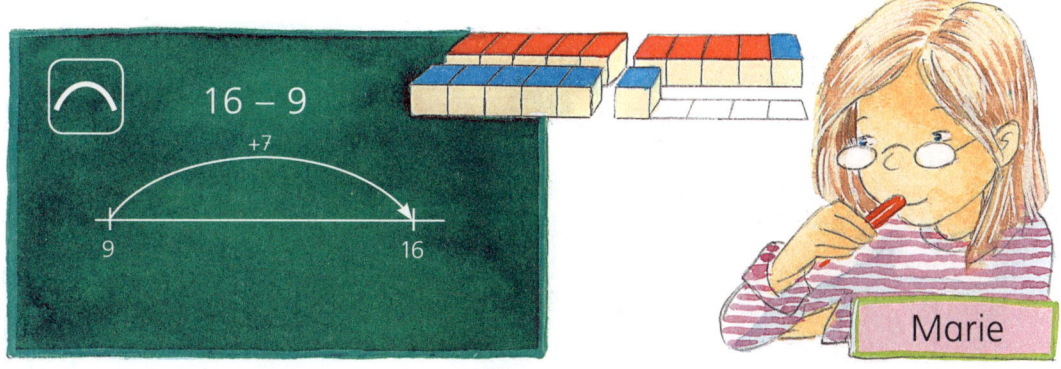

1. 11 − 9 _____

2. 13 − 7 _____

3. 12 − 6 _____

4. 15 − 7 _____

5. 13 − 8 _____

6. 14 − 9   10 − 8   17 − 8   19 − 17
   11 − 8   17 − 16 14 − 7   15 − 8
   13 − 9   15 − 9   16 − 7   18 − 16

Strategie: Verliebte Herzen

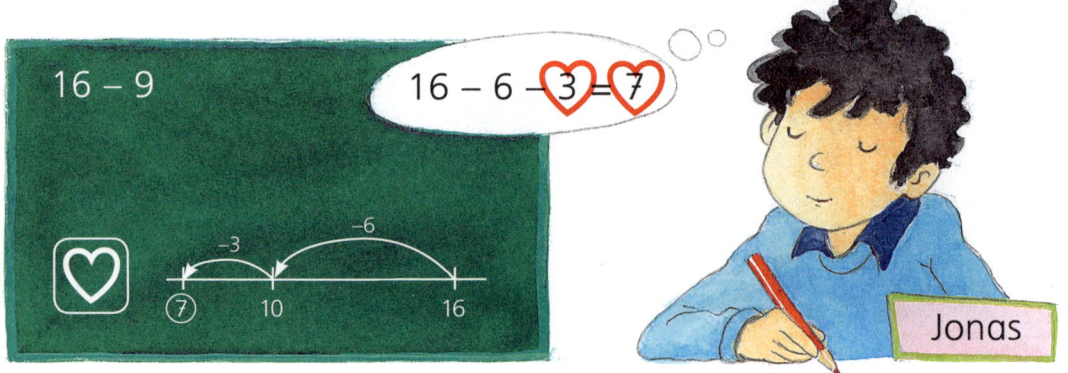

1. ♡ 12 – 6 _____

2. ♡ 13 – 8 _____

3. ♡ 14 – 5 _____

4. ♡ 15 – 8 _____

5. ♡ 13 – 6 _____

6. ♡ 17 – 9   ♡ 11 – 5   ♡ 14 – 8   ♡ 15 – 6
   ♡ 13 – 7   ♡ 16 – 7   ♡ 12 – 7   ♡ 14 – 6
   ♡ 14 – 9   ♡ 12 – 5   ♡ 17 – 8   ♡ 13 – 4

Strategie wählen

1. Wie rechnest du?

◯ 15 – 8 _____

◯ 12 – 9 _____

◯ 15 – 14 _____

◯ 14 – 6 _____

◯ 12 – 7 _____

2.
◯ 12 – 5	◯ 15 – 7	◯ 13 – 8	◯ 12 – 8
◯ 13 – 9	◯ 17 – 19	◯ 18 – 9	◯ 14 – 7
◯ 16 – 7	◯ 16 – 8	◯ 17 – 9	◯ 16 – 9
◯ 17 – 8	◯ 13 – 5	◯ 12 – 6	◯ 13 – 7
◯ 14 – 8	◯ 14 – 9	◯ 15 – 6	◯ 15 – 9

Figuren legen

1. Immer 2 Dreiecke werden umgelegt. Markiere sie.

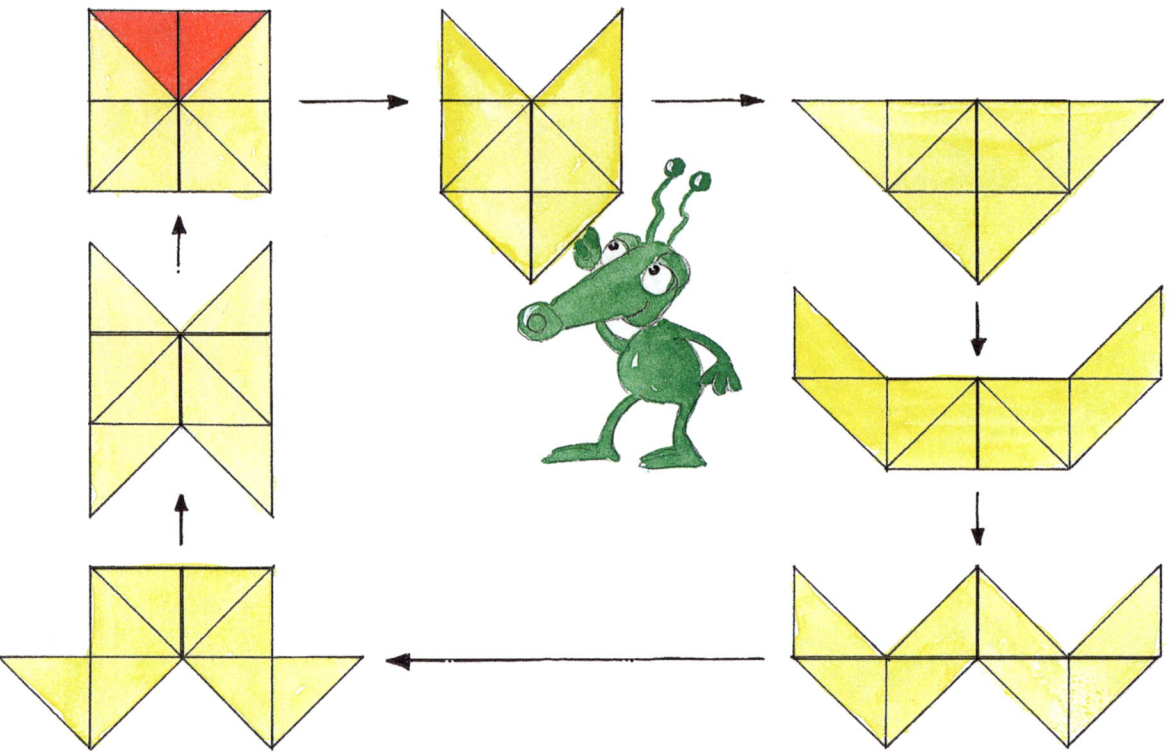

2. Figuren aus 4 gleichen Dreiecken. Zeichne ein.

3. Legt Figuren aus 3 und 5 gleichen Dreiecken. Findet verschiedene Möglichkeiten. Klebt die Figuren auf ein Plakat.

Ungleichungen

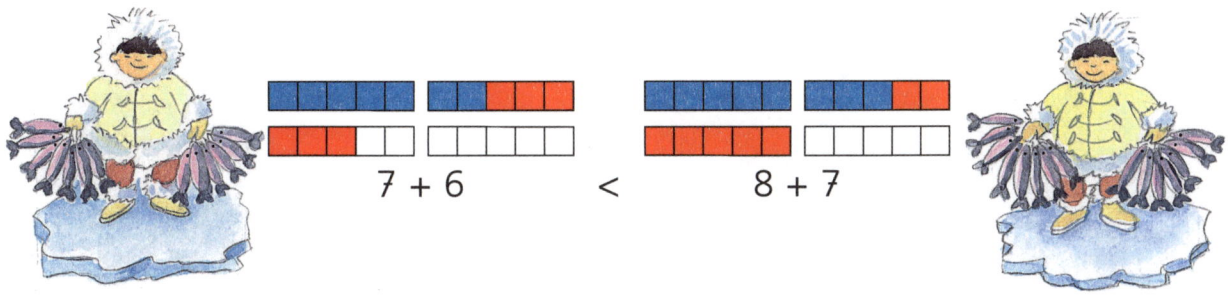

7 + 6 < 8 + 7

1.

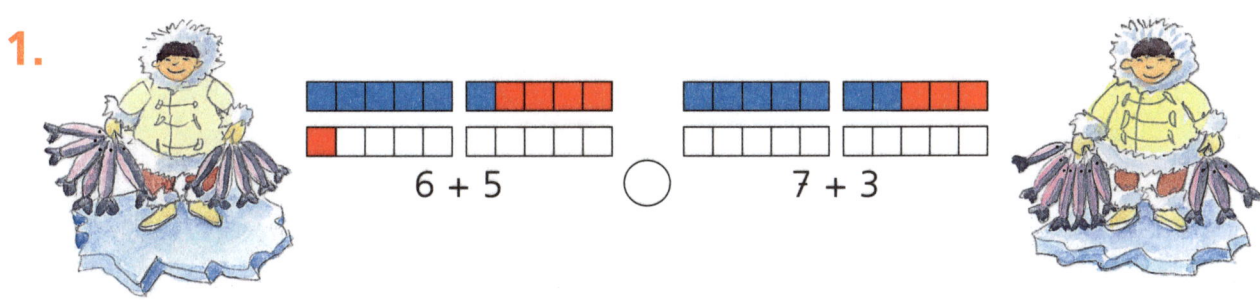

6 + 5 ◯ 7 + 3

5 + 5 ◯ 4 + 3
6 + 6 ◯ 7 + 5
8 + 7 ◯ 9 + 7

9 + 0 ◯ 4 + 4
12 − 3 ◯ 10 − 0
7 + 4 ◯ 5 − 3

2.

5 + ___ < 8

5 + 0 < 8
5 + 1 < 8
5 + 2 < 8

7 + ___ < 11

7 + ___ < 11
7 + ___ < 11
7 + ___ < 11
7 + ___ < 11

10 − ___ > 6

10 − ___ > 6
10 − ___ > 6
10 − ___ > 6
10 − ___ > 6

Multiplizieren

1.

5 + 5 + 5 = 15
3 · 5 = 15

_____ = ___
___ · ___ = ___

_____ = ___
___ · ___ = ___

_____ = ___
___ · ___ = ___

_____ = ___
___ · ___ = ___

_____ = ___
___ · ___ = ___

2. Schreibe die Plusaufgabe und die Malaufgabe.

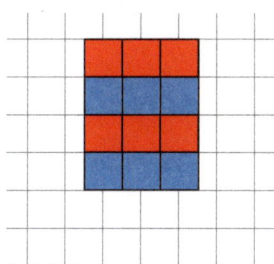 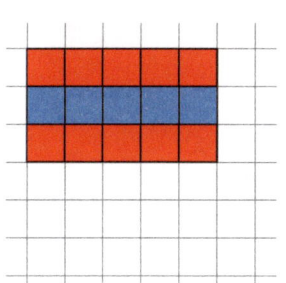 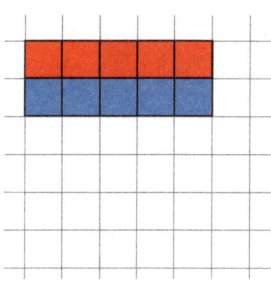

3 + 3 + 3 + 3 = 12   _____ = ___   _____ = ___
        4 · 3 = 12   ___ · ___ = ___   ___ · ___ = ___

3. Zeichne passend zu den Aufgaben.

4 + 4 = 8   5 + 5 + 5 + 5 = ___   6 + 6 + 6 = ___
2 · ___ = ___   ___ · ___ = ___   ___ · ___ = ___

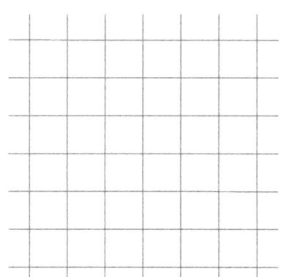 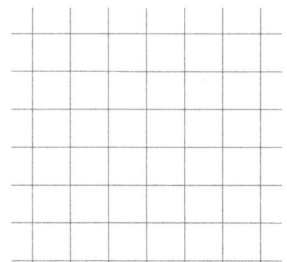 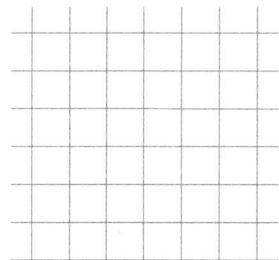

4.   2 · 9 = ___   3 · 7 = ___   ___ · ___ = 16
     6 · 1 = ___   0 · 8 = ___   ___ · ___ = 15
     5 · 3 = ___   8 · 2 = ___   ___ · ___ = 9

Malaufgaben legen, darstellen und berechnen.

Tauschaufgaben

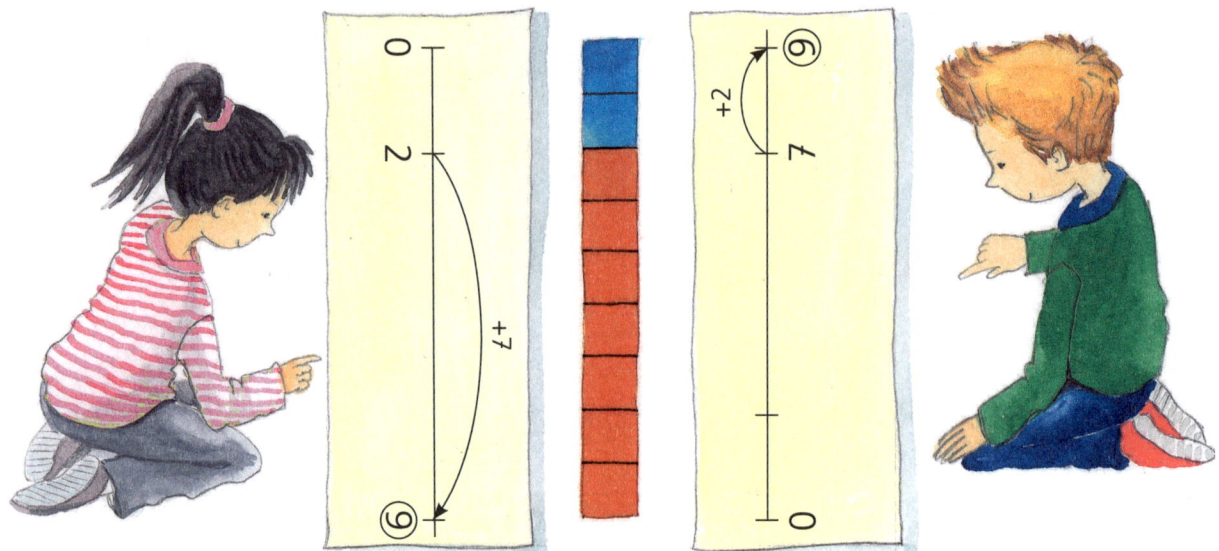

1. Probiere selbst. Welche Aufgabe fällt dir leichter?

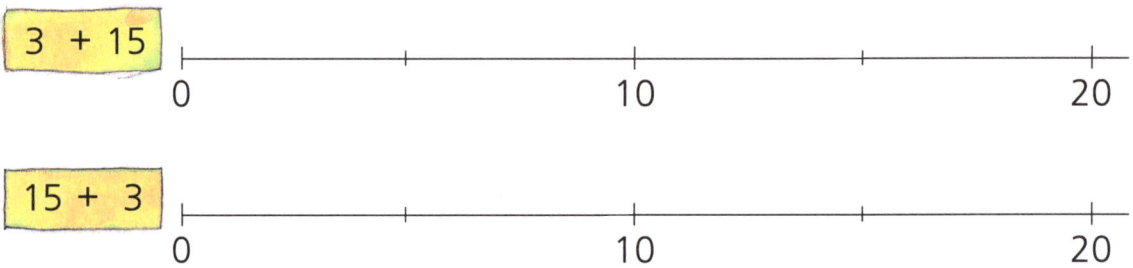

2. Tauschen oder nicht? Kreuze an.

	ja	nein
3 +15		
17 + 2		
4 +12		
5 +13		
9 + 2		
0 +18		
5 + 7		
3 + 8		

	ja	nein
1 +16		
9 + 4		
3 +16		
1 + 8		
7 + 5		
10 + 4		
1 +11		
9 + 2		

	ja	nein
3 + 4		
6 +13		
13 + 1		
7 + 8		
4 +11		
18 + 2		
8 + 9		
6 + 7		

Geschickt rechnen

 + 3 + = 13

6 + 7 + 3 = ___

4 + 6 + 9 = ___

6 + 5 + 5 = ___

8 + 1 + 9 = ___

2 + 3 + 7 = ___

5 + 3 + 5 = ___

6 + 3 + 7 = ___

5 + 6 + 4 = ___

9 + 4 + 1 = ___

3 + 7 + 1 = ___

1 + 7 + 3 = ___

4 + 4 + 6 = ___

5 + 5 + 2 = ___

8 + 9 + 1 = ___

7 + 8 + 3 = ___

2 + 9 + 3 + 1 = ___

6 + 5 + 4 + 5 = ___

3 + 2 + 8 + 7 = ___

7 + 1 + 3 + 2 = ___

6 + 1 + 9 + 4 = ___

2 + 3 + 3 + 8 = ___

5 + 2 + 8 + 4 = ___

3 + 6 + 4 + 7 = ___

Verliebte Herzen erkennen und geschickt die Kettenaufgaben lösen. Muster fortsetzen.

Nachbaraufgaben der 10

7 + 9 ⌒

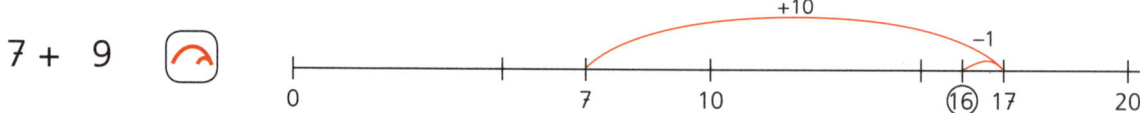

6 + 11 ZE

18 − 9 ⌒

18 − 11 ZE

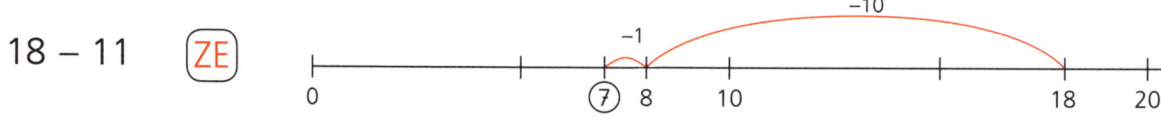

1. 14 − 9 ☐   0 ────────────── 20

15 − 11 ☐   0 ────────────── 20

5 + 11 ☐   0 ────────────── 20

8 + 9 ☐   0 ────────────── 20

2. 9 + 6 = ___   13 − 9 = ___   5 + 9 = ___
10 + 6 = ___   13 − 10 = ___   5 + 10 = ___
11 + 6 = ___   13 − 11 = ___   5 + 11 = ___

114   Sprungstrategien bei Plus- und Minusaufgaben: Vor-vor, vor-zurück, zurück-vor, Zehner-Einer.

Würfelgebäude

Finde alle Würfelgebäude, mit denen die Kinder jonglieren.
Färbe passend.

Sachrechnen mit Geld

1.

	Preis	Rückgeld
 20 € / 2 Clowns + Ball	_____ €	_____ €
 7 € / 2 Elefanten	_____ €	_____ €
 20 € / Stift + Pinsel	_____ €	_____ €
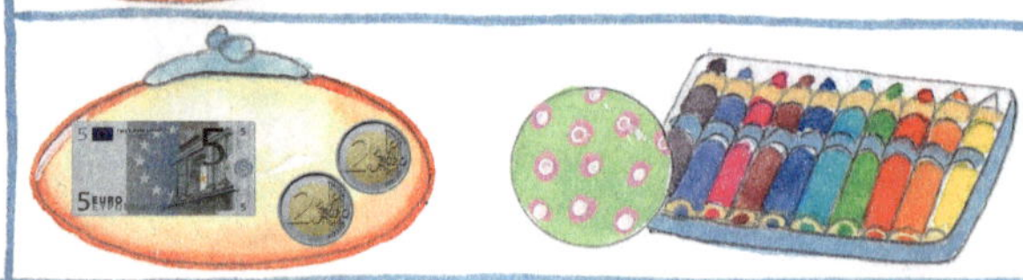 9 € / Ball(?) + Stifte	_____ €	_____ €

Preise und Rückgeld berechnen.
Fragen formulieren. Fragen beantworten.

2. a) Anna kauft einen Zwerg und einen Ball. Sie bezahlt ___ €.

b) Kim kauft einen Elefanten und einen Ball. Sie bezahlt ___ €.

c) Tobias kauft zwei Zwerge. Er bezahlt ___ €.

d) Lea kauft zwei Bälle und einen Elefanten. Sie bezahlt ___ €.

e) Stefan hat 20 Euro. Er kauft zwei Zwerge und einen Ball. Er bekommt ___ € zurück.

f) Sofia will Zwerge und Bälle haben. Sie hat 20 Euro.

g) Marina möchte sechs Bälle kaufen. Sie hat 16 Euro.

h) Erfinde und löse selbst Sachaufgaben.

3.

Sachrechnen mit Geld

 4 €  8 €  6 €

1.

Ich habe:	Ich kaufe:			Preis:	Rest:
10	🔴	🔴		8	2
15	🤡	🐘			
12	🐘	🔴			
15	🤡	🤡			
20	🔴	🤡			
20	🐘	🔴	🔴		
20	🤡	🤡	🐘		
20	🐘	🤡	🐘		
19	🔴	🔴	🤡		

2. a) Stefan hat halb so viel Geld wie Marina. Marina hat 8 €.

b) Patrick hat 9 €. Kevin hat halb so viel.

c) René und Alexandra haben zusammen 16 €. René hat 4 € weniger als Alexandra.

d) Julian hat 5 € mehr als Alexander.

e) Linda und Julia haben zusammen 14 €. Julia hat 4 € mehr als Linda.

Preise und Rückgeld berechnen.
Fragen finden und beantworten.

Mathemix

1. Finde passende Zahlen.

| 3 | 1 | 4 | 7 | 9 | 5 |

☐ + ☐ < 10   ☐ + ☐ < 10   ☐ + ☐ < 10
☐ + ☐ > 10   ☐ + ☐ > 10   ☐ + ☐ > 10
☐ − ☐ < 5   ☐ − ☐ < 5   ☐ − ☐ < 5
☐ − ☐ > 5   ☐ − ☐ > 5   ☐ − ☐ > 5

2. Lege mit Ziffernplättchen.

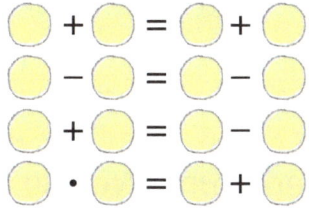

○ + ○ = ○ + ○
○ − ○ = ○ − ○
○ + ○ = ○ − ○
○ · ○ = ○ + ○

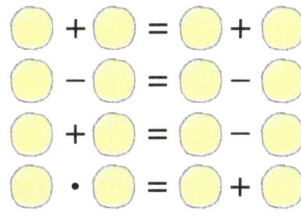

○ + ○ = ○ + ○
○ − ○ = ○ − ○
○ + ○ = ○ − ○
○ · ○ = ○ + ○

Schreibe weitere Aufgaben in dein Heft.

3. Löse die Kettenaufgaben.
5 + 3 − 4 + 7 − 2 + 6 − 3 + 4 − 8 + 1 − 6 = ___
6 − 4 + 8 − 3 + 5 − 7 + 4 − 8 + 6 − 2 + 1 = ___
9 + 7 − 6 + 4 − 7 + 6 − 5 + 3 − 7 + 5 − 8 = ___
Trage die Ergebnisse ein: ___ + ___ + ___ = 10

4. Welche Zahlen müssen in die Kreise?
Tipp: Schau dir die ersten beiden Männchen genau an.

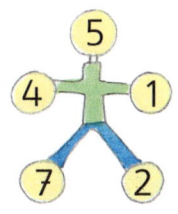    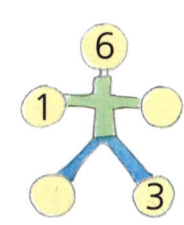

Einführung des Hunderterraums

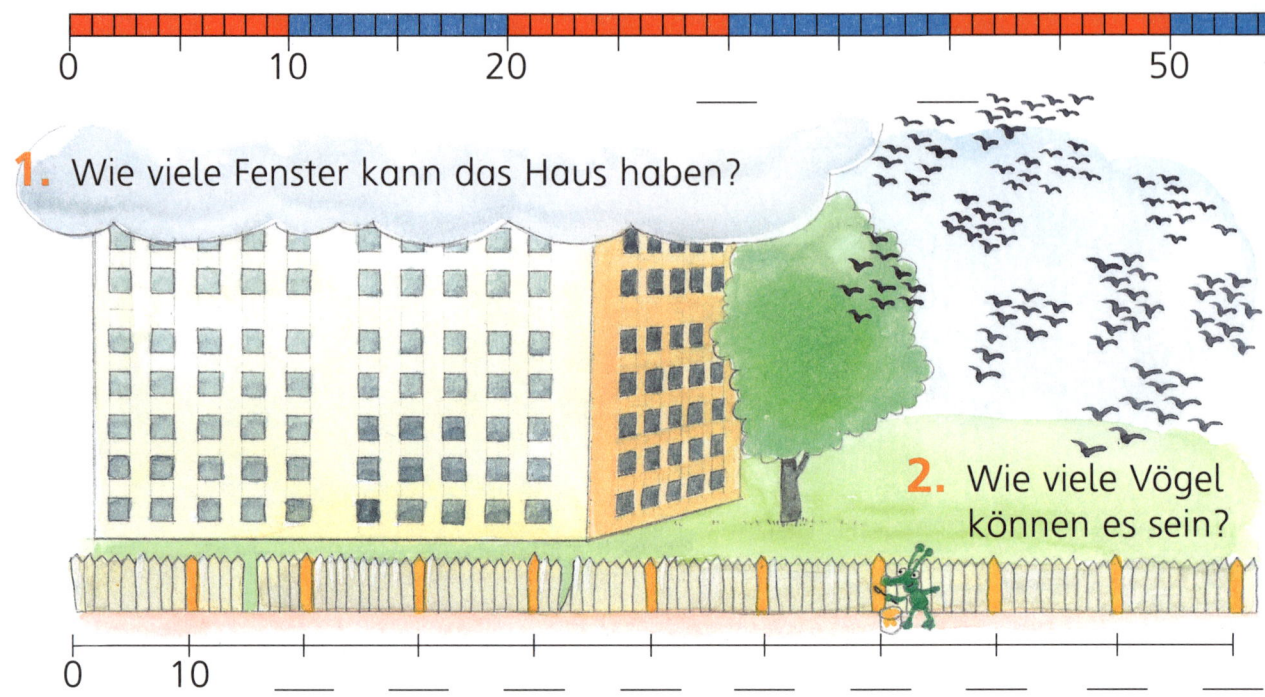

1. Wie viele Fenster kann das Haus haben?

2. Wie viele Vögel können es sein?

3. Wie viele Latten hat der Zaun? Welche hat das Monster gestrichen?

4. Wie viele Platten wurden schon gelegt? Wie viele müssen noch verlegt werden? Wie viele sind es dann insgesamt?

5. Legt eure Würfel zusammen, so dass ihr 100 habt. Wie viele Kinder müssen sich zusammentun, damit es reicht?

6. Wettbewerb: „Wer baut den schönsten, stabilsten und höchsten 100-Würfel-Turm?"

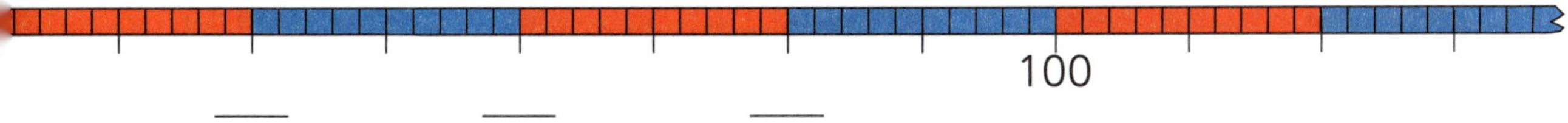

100

7.

🕊	50
🐜	__

🌿	__
🍄	__

🌰	__
🦋	__

🔴	__
🌲	__

Wie viele sind es?

In Zehnern bündeln.

Zahlen bis 100

0   10   20   50

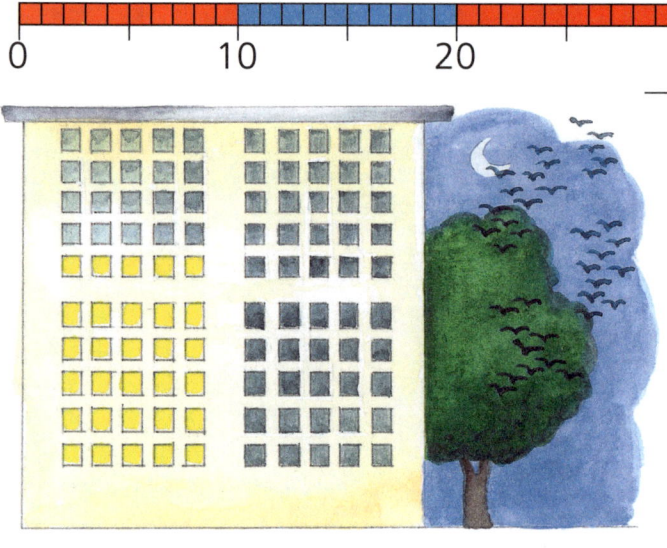

1. a) Wie viele Fenster sind erleuchtet?
   b) Wie viele sind dunkel?
   c) Wie viele sind es zusammen?
   d) Schreibe verschiedene Plusaufgaben, die zum Haus passen.

2. Der Plattenleger hat weitergearbeitet. Wie viele Platten muss er noch legen?

3.

10

a) Wie lang ist der Zwergenschritt?
b) Wie lang ist der Riesenschritt?
c) Welche Latten fehlen?
d) Welche Latte ist kaputt?
e) Welche Latte ist nicht gestrichen?
f) Auf welcher Latte sitzt der Vogel?
g) Hinter welcher Latte steht der Junge?

100

4. 5 + 3 = 8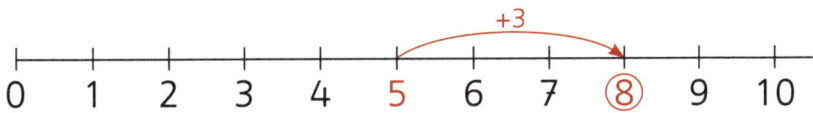

50 + 30 = 80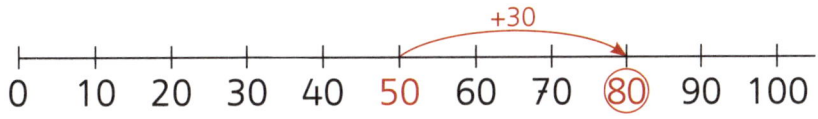

6 + 2 = ___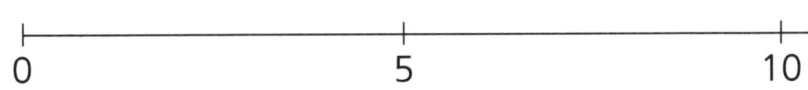

60 + 20 = ___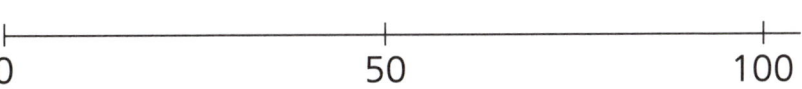

5. 8 − 3 = 5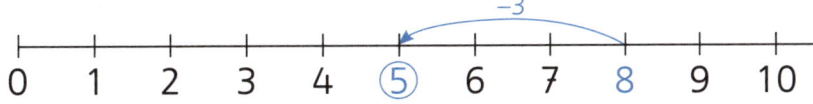

80 − 30 = 50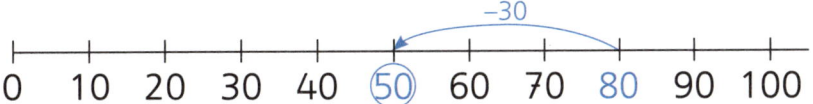

9 − 6 = ___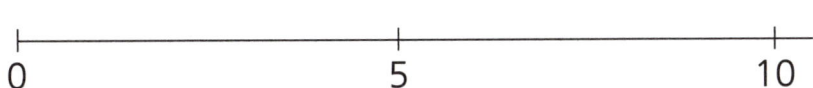

90 − 60 = ___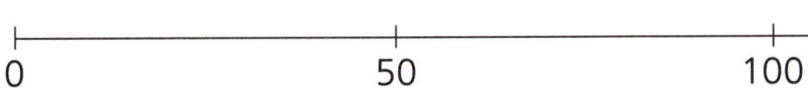

Analogien nutzen.

Unser Geld

1. Streiche die fremden Geldscheine durch.

2. Wie viel Geld ist es?

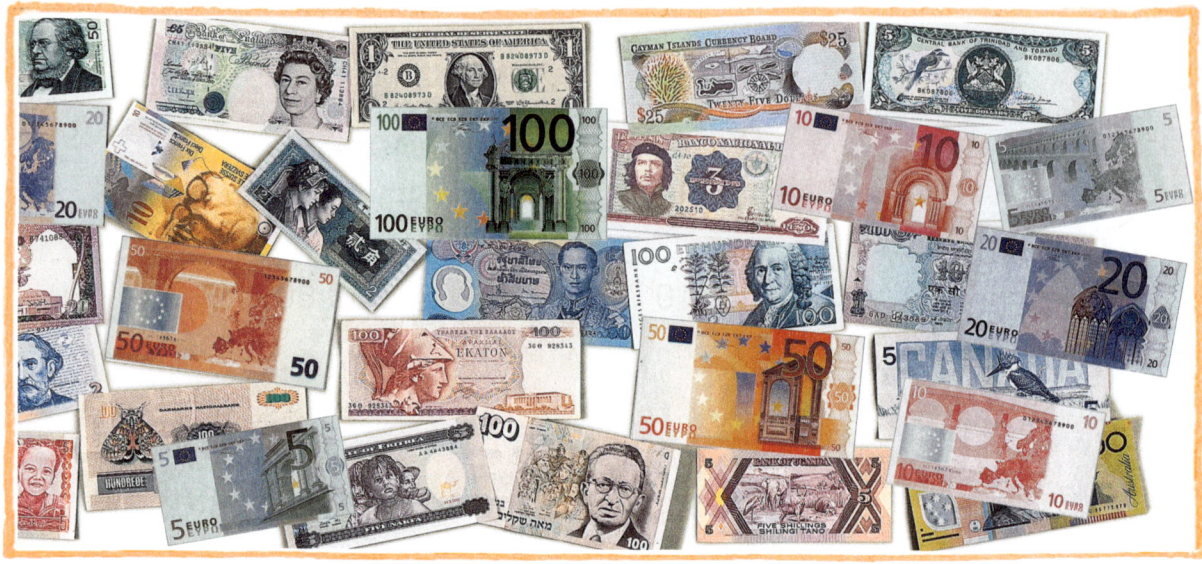

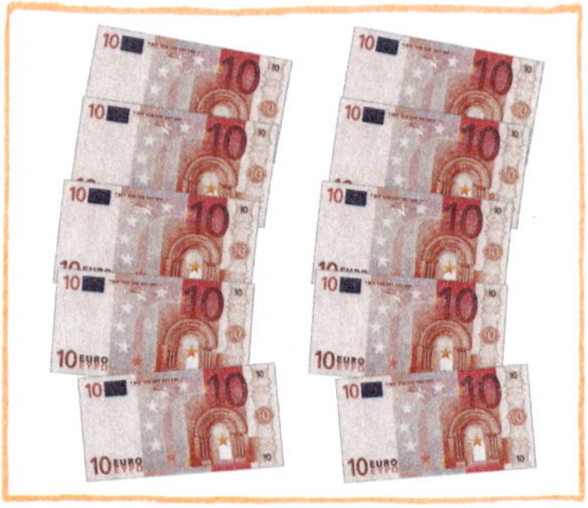

_____ €

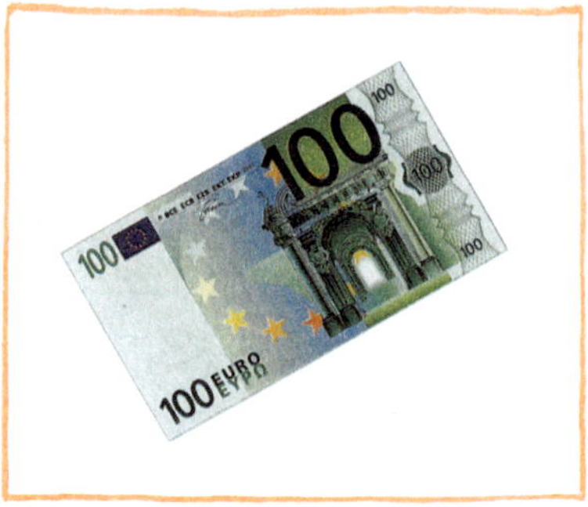

_____ €

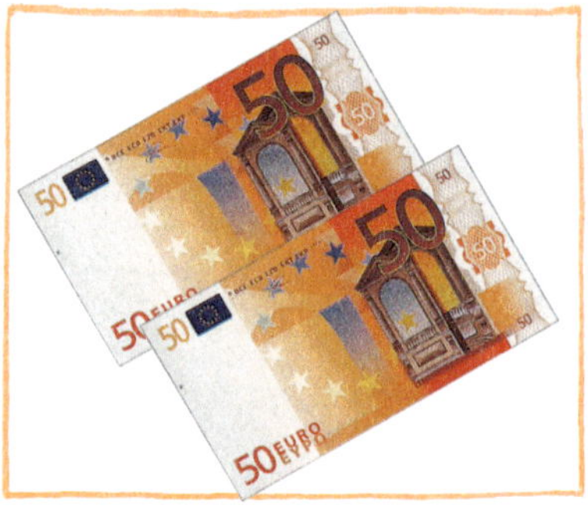

_____ €

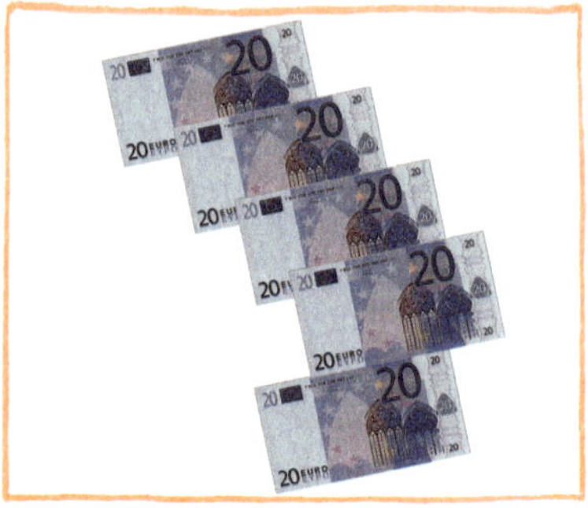

_____ €

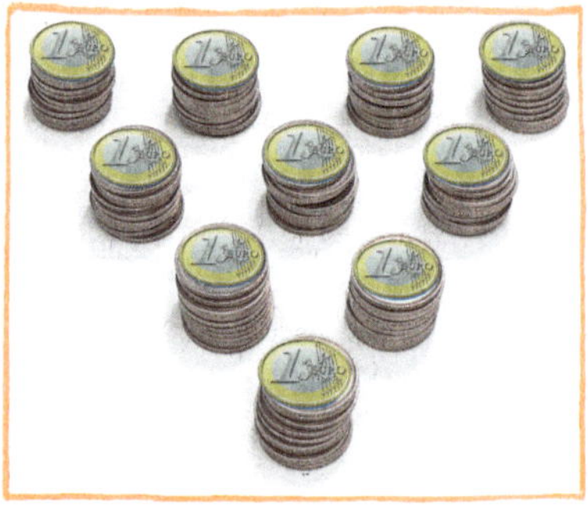

_____ €

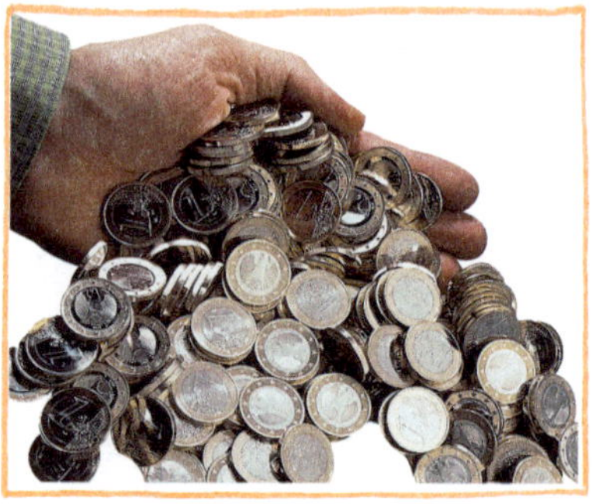

_____ €

Geldscheine in verschiedenen Währungen erkennen.
Geldbeträge erkennen.

3. Wie viel Geld ist es?

_____ €

_____ €

_____ €

_____ €

_____ €

_____ €

4. Welche Scheine wählst du?

55 €

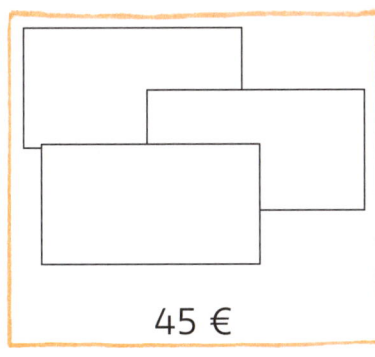
45 €

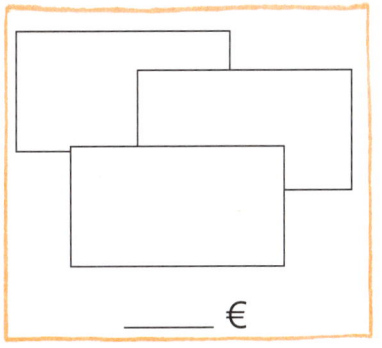
_____ €

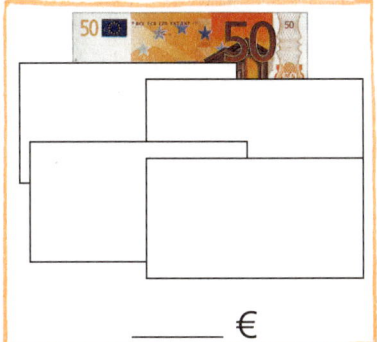
_____ €

35 €

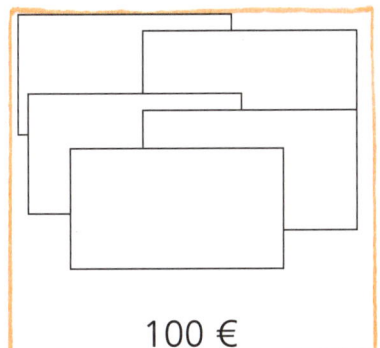
100 €

Rechnen mit Geld im Hunderterraum.

Symmetrie

1.

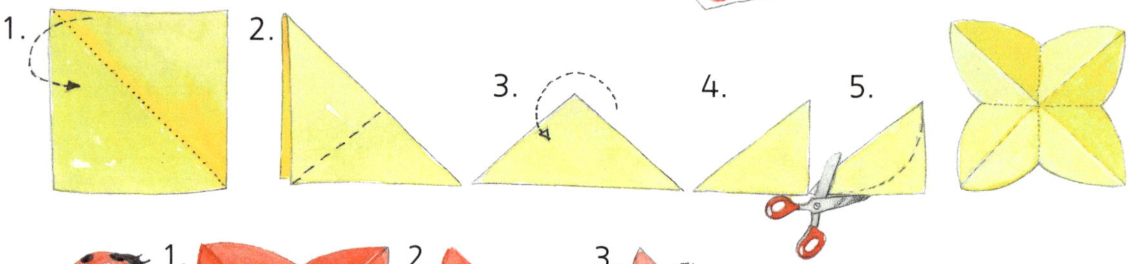

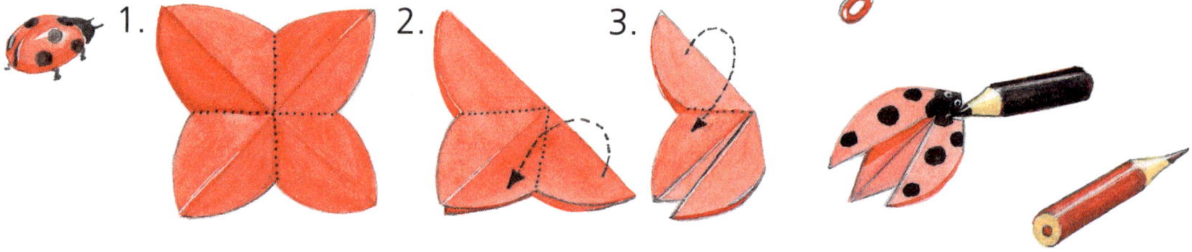

2. An der Linie wird geschnitten. Zeichne ein, wie das Blatt aussehen wird. Vermute erst und zeichne. Dann probiere und schneide.

3. Bewegen sich die Kinder spiegelbildlich?

4. Die roten Linien sind Spiegelachsen. Färbe passend.

 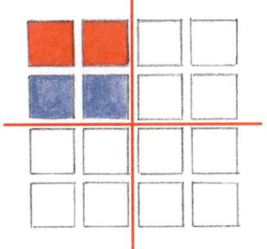 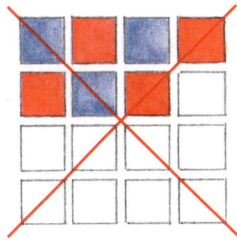

5. Zeichne alle Spiegelachsen ein.

Rechnen im Hunderterraum

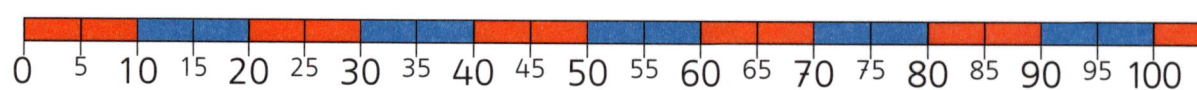

1.
5 – 5 = ___
15 – 5 = ___
25 – 5 = ___
35 – 5 = ___
45 – 5 = ___
55 – 5 = ___
65 – 5 = ___
75 – 5 = ___
85 – 5 = ___
95 – 5 = ___

2.
10 + 5 = ___
20 + 5 = ___
30 + 5 = ___
40 + 5 = ___
50 + 5 = ___
60 + 5 = ___
70 + 5 = ___
80 + 5 = ___
90 + 5 = ___
100 + 5 = ___

3.
40 – ___ = 20
50 – ___ = 40
50 – ___ = 10
70 – ___ = 70
90 – ___ = 70
80 – ___ = 70
80 – ___ = 10
50 – ___ = 30
30 – ___ = 30
10 – ___ = 10

4.

10 | 10 | 10

30 | 10

10 | 20 | 10

5.

20 | 20

30
10 | 60

128 Die 5 addieren und subtrahieren.
Zehnerzahlen addieren und subtrahieren.

Regeln finden

1. Finde die Regeln und setze fort.

Regel	
+2	

Reihe 1: 4, 6, 8, ... (+2, +2, +2, ...)

Reihe 2: 4, 6, 5, 7, ... (+2, −1, +2, −1, ...)

Reihe 3: 20, 19, 18, ...

Reihe 4: 18, 17, 15, 14, ...

Reihe 5: 1, 4, 2, 5, ...

Reihe 6: 21, 18, 15, ...

2. Immer 100.

50 + 50, 60 + __, 30 + __
70 + __, 20 + __, 80 + __, __ + 90

Zahlenpyramiden

1. Finde die Fehler.

2. Setze verschiedene Grundsteine ein.

3. Verbinde die Pyramiden mit gleichen Zielsteinen.

Allerlei Sachaufgaben

1. Carla hat 7 Euro. Eine Kiste Sprudel kostet 9 Euro.

Sie braucht noch ____ Euro.

2. Einige Freundinnen sammeln Äpfel auf der Wiese. Die erste sammelt 1 Apfel, die zweite 2 Äpfel, die dritte 3 und so weiter.

Wie viele Äpfel haben sie zusammen?
_____

3. Benni und Julian feiern zusammen Geburtstag. Benni hat 5 Freunde, Julian hat 6 Freunde. Wie viele Gäste kommen?

4. Eine Tulpe wächst jeden Tag 2 Meter. Wie hoch ist sie nach einer Woche?

5. 4 Freunde legen ihr Geld zusammen. Jetzt sind es 80 Euro.

6. Ein Zug fährt morgens um 8 Uhr in Hamburg los und kommt nachmittags um 3 Uhr in München an.

7. Wie viele Füße haben fünf Elefanten? Wie viele Ohren? Wie viele Schwänze? Wie viele Flügel?

____ Ohren   ____ Schwänze   ____ Flügel

8. Erfinde selbst Sachaufgaben und löse sie.

Sachaufgaben lösen. Sachaufgaben erfinden.

Mathematik ist überall

0 1 2 3

10, 15, 20, ...
5, 15, 25, ...

□△○□△○
□○□○□○

ZIRKUS

100
70 | 30
60 | 20 | 20

Sonderangebote
1 Wurst 2 €
2 Würste 5 €
3 Würste 4 €
7 Würste ⭐ €

Der stärkste Mann!
Die größte Maus!
Der wildeste Tiger!
Die schnellste Schnecke!

KASSE
8 €
5 €
12 €

7 3 17 20 30 20

$10 + 10 = \_\_$
$10 + \_\_ = \_\_$
$\_\_ + \_\_ = \_\_$
$\_\_ + \_\_ = \_\_$

Nur mit 3, 5, 7
1 = 7 − 3 − 3
2 =
3 =
4 =
5 =
6 =
7 =
8 =
9 =
10 =

Flohstadt 9 km
Katzendorf 17 km

Pro Auto nur 4 Personen

3 + 3	8 − 5			
3 · 3	8 + 5			
11 + 4	3 · 4	70 − 30	45 + 5	65 − 15
20 − 11	2 + 2	50 + 40	45 + 15	90 − 45
5 · 5	2 · 2	100 − 80	60 − 20	5 · 20
6 + 6	4 + 4	10 − 8	3 · 5	3 · 30
5 + 7	4 · 4	15 − 7	10 · 5	0 + 0
10 + 10	17 − 8	16 − 8	10 · 4	8 + 11
9 −	9 + 6	17 − 10	20 · 4	17 + 0

Rechenwettkampf

Zirkus in der Stadt
5. − 17. Juli

Vorstellungen 17^{00} und 20^{00}
Sonntags auch 14^{00}

Viele Aufgaben finden.
Mögliches und Unmögliches herausfinden.